住建部项目：我国“复合集约型”老年住区的建设模式研究（2015-R2-017）

“复合集约型”老年住区的建构与设计

Construction and Design of “Complex -Intensification”Elderly Residential Area

刘万迪　陈伯超　原砚龙　祖祺　著

中国建筑工业出版社

图书在版编目（CIP）数据

“复合集约型”老年住区的建构与设计 / 刘万迪等著.
北京：中国建筑工业出版社，2016.11
ISBN 978-7-112-20065-8

Ⅰ. ①复… Ⅱ. ①刘… Ⅲ. ①老年人－居住区－建设－研究 Ⅳ. ①TU984.12

中国版本图书馆CIP数据核字（2016）第263892号

本书以由人口老龄化产生的“老年人居住及照护问题”的宏观层面、现阶段养老模式新趋势——“社区养老”的中观层面、由房地产拐点所引起的兴建“老年住区热”的微观层面作为本课题的研究背景，通过对国内外老年住区在理论和实践上的研究综述，并在对我国已开发老年住区调研、分析、归纳的基础上，对我国老年住区的发展程度和存在问题深入思考，从“利于市场开发”、“利于中国老人居住”、“让更多老人受益”三个基本立足点出发，提出一种新型老年住区——“复合集约型”老年住区。

责任编辑：杨　琪
责任校对：王宇枢　焦　乐

“复合集约型”老年住区的建构与设计
刘万迪　陈伯超　原砚龙　祖祺　著
*
中国建筑工业出版社出版、发行（北京海淀三里河路9号）
各地新华书店、建筑书店经销
北京锋尚制版有限公司制版
北京市密东印刷有限公司印刷
*
开本：889×1194毫米　1/20　印张：12　字数：260千字
2017年9月第一版　2017年9月第一次印刷
定价：49.00元
ISBN 978-7-112-20065-8
（29542）

前　言 | Preface

我国已于21世纪初进入老龄化社会。作为进入老龄化社会最早的发展中国家，我国老年人口总量占全球老年人口的五分之一，是世界老年人口最多的国家。如何面对并且解决好老龄化带来的诸多问题已然成为全球性的重大难题之一。

在这十几年中，随着我国老龄化程度的加深，社会各界对老年人的关注逐渐升温。老年人参与社会发展，再就业，发挥余热，越来越引起人们的注意；独居老年家庭、失能老年人、需要长期护理的老年人在增多，家庭结构的变化使老年人的婚姻、代际关系、社区服务等方面的问题更加突出，同时，人口老龄化也对城乡规划建设、老年人居住环境提出挑战和新的要求。

从人口老龄化产生的“老年人居住及照护问题”的宏观背景，到现阶段我国养老模式重点发展对象（新趋势）——“社区养老”的中观背景，再到由房地产拐点所引起的兴建“老年住区热”的微观背景，本书从这三个层面对本课题的研究背景进行论述。通过对国内外老年住区在理论和实践上的研究综述，并在对我国已开发老年住区调研、分析、归纳的基础上，对我国老年住区的发展程度和存在问题深入思考，从“利于市场开发”、“利于中国老人居住”、“让更多老人受益”三个基本立足点出发，提出一种新型老年住区——“复合集约型”老年住区。

“复合集约型”老年住区是指在住区各要素的内容构成上复合、配比利用上集约的一种适合我国发展的新型老年住区。“复合”主要表现在人口结构的复合（年龄、健康程度、经济状况、文化水平）、产权的复合（销售与出租）、养老居住功能的复合（自理、介助、介护）、产业链各要素的复合（居住设施与配套设施）、软件与硬件的复合（服务管理与规划设计）；“集约”主要表现在设施功能种类及配置比例的优化、老年人资源的充分利用、服务资源（包括设施与服务管理人员）的充分利用、住区空间结构的优化。结合国外的情况，其可简单公式化表述为:（美国“CCRC与AAC”模式+日本“混住”模式）×集约化利用。

本书主要从“复合集约型”老年住区的策划建构与设计表达两方面具体展开分析论述。首先，从建筑策划的角度，通过对用地属性、区位选址、客群定位、规模控制、服务管理模式和运营模式六个层面的分析研究，结合“复合集约”特征要求以及老年人生理、心理、行为等特殊需求，构建出“复合集约型”老年住区这一产品模型、居住模式，为后续规划设计编制一个“任务书”；其次，按照这个“任务书”的要求，用图示语言去表达建构此抽象概念，对“复合集约型”老年住区的功能构成、组织布局与空间设计进行分析论述，并在此基础上绘制出“复合集约型”老年住区的居住生活模型的总体概念模式图及主要技术经济指标；最后，在辽宁沈阳地区选一实际地块做示范项目模拟——“栖健长乐邦”生活体，以此作为对“复合集约型”老年住区这一居住生活模型的具体化表达与验证。

本书最后对“复合集约型”老年住区这种产品模型、居住模式的复制延展问题进行探讨；同时，以老年住区作为出发点，在更为宏观的层面对我国未来养老居住及照护问题做出展望。

在本书即将付梓之际，请允许我借此机会对那些给予我们帮助和指导的各界贤达表示衷心的感谢。

首先，我要感谢我的导师陈伯超先生。老师渊博的学识、严谨的态度、活跃的思维、敏锐的洞察力和平易近人的工作作风深深地感染着我，他是一个总是充满活力并极具创新的超人、学者、建筑师，他将是我一生的榜样。

感谢研究所的同事们,他们是朴玉顺、徐丽云、何颖娴、张勇、刘思铎、徐帆、哈静、吴云涛、郝鸥、谢占宇、毛兵。此外，我还要感谢建筑与规划学院的任乃鑫、夏柏树、赵永麒等以及辽宁工业大学的孙国洗教授。

我要感谢联合编队老年住区科研小组的全体成员以及我的学生们，他们是赵新隆、皇甫冬梅、富心浩、杨鹏举、曾涛、黄金新、刘一帆、许丽娜、俞荣三、王超、王婷婷、张超、李牧、郭英鹏、宫琪、林亦乔、那瑞、张沛楠。

此外，我还要感谢清华大学的周燕珉教授、北京大学方正地产投资策划公司的贺芳女士、中华全国工商业联合会房地产商会会长聂梅生女士以及调研访谈中的相关人员等，感谢你们直接或间接对我们的指导与帮助。

最后，我要特别感谢我的父亲刘文发先生和母亲孙淑凤女士，没有你们就没有我，这本书也作为一份礼物送给你们。

本书是在我的硕士论文与这几年在沈阳建筑大学建筑研究所从事相关研究工作的基础上系统整理而来，并作为我主持的住房城乡建设部项目“我国‘复合集约型’老年住区的建设模式研究（2015-R2-017）”的研究成果，从开始动笔到最后完稿已五年有余。虽经反复斟酌与推敲，但错漏之处仍在所难免，敬请读者不吝批评指正。

刘万迪

目　录 | Contents

第1章

绪论——“复合集约型”老年住区的提出

1.1 研究背景

本节将从由人口老龄化产生的“老年人居住及照护问题”的宏观层面，到现阶段我国养老模式重点发展对象（新趋势）——“社区养老”的中观层面，再到由房地产拐点所引起的兴建“老年住区热”的微观层面对本书的背景进行论述。

1.1.1 人口老龄化与老年人居住及照护问题的产生

随着我国经济的迅速发展，人民生活水平的不断提高，医疗保健事业的长足进步，为人们的平均寿命在逐渐延长创造了先决条件；加之我国30多年的计划生育政策，新出生人口相对减少，从而使得老年人口不但数量在增加，在总人口中的比重也逐年增大，然而年轻人抚养老年人的比例却在逐年减小。根据2011年全国第六次人口普查公布的数据显示，60岁及以上人口为1.78亿，占人口总比例13.26%，而且这个数字还在迅速增长。预计2025年我国老年人口将占到总人口的20%，到2050年我国人口的1/3将是老年人。因此，老年人问题，尤其是老年人的居住与生活照护问题，已然成为我国的重大民生问题。

1.1.1.1 人口老龄化及老龄化相关定义

（1）人口老龄化

所谓人口老龄化（简称老龄化），就是指总人口中因年轻人口数量减少、年长人口数量增加而导致的老年人口比例相应增长的动态。其包含两层含义：一是指相对增多的老年人口在总人口中所占比重不断增大的过程；二是指人口年龄结构呈现老年状态。

造成这一现象的原因是由于人口出生率（指一年内一定地区出生人口与总人口之比）和人口死亡率（指一年内一定地区死亡人口与总人口之比）的下降以及人口自然增长率（出生率减去死亡率）的下降。而其中导致出生率下降的原因主要有：生产力发展、现代科学知识的普及、医疗卫生技术的进步、人类生活水平和文化水平的提升以及人的生育观念和生育行为也发生较大的变化，当然也包括相关政策的影响，比如我国的计划生育政策；导致死亡率下降的原因主要有：生产力水平提高、医疗卫生事业迅速发展、粮食产量大幅度增加等，这实际上是由工业化生产方式代替手工劳动所致。需要指出的是，出生率下降的速度要小于死亡率下降的速度，并且两者的差值越来越小，故人口自然增长率在下降。

低人口出生率、低人口死亡率以及低人口自然增长率是人类社会发展的必然趋势，因此人口老龄化现象是人类社会人口年龄结构的必然阶段，不仅是在中国，从全球的人口年龄结构的调查数据及预测可以看出，人口的这种年龄结构变化呈现的不可逆性将会持续很长一段时间。

（2）老龄化相关定义

①老年人的年龄界定

上述概念中关于老年人的年龄界定到底是多少？国际上的学者对其界定有不同说法，并且不同的年龄界定所得出的比例数值也会有所差异。1956年联合国《人口老龄化及其社会经济含义》一书中，将65岁作为老年的起点。随后人口老龄化现象逐渐成为全球的趋势，许多发展中国家老年人口数量也在不断增多，1982年召开的第一届联合国“老龄问题世界大会”上，为使发展中国家的情况与发达国家相比较，将老年人口的年龄界限调至60岁。实际上，数字只是一个人为的界定，人的老龄化过程是连续的，而对于老年人年龄界限的界定（即到多大年龄时我们称为老年人），是有其社会意义的，其设定背景应该是人口老龄化现象，其考虑因素不仅包括老年人自身的生理心理状况、法定的退休年龄等，还涉及“年龄界定在多少时的老龄化率会对该国家或地区的社会经济产生较大影响”这一因素。目前，国际上并用60岁和65岁来作为老年人口年龄的界定标准，其中如美国、日本及欧洲国家等发达国家，以65岁作为界定；如中国等发展中国家，以60岁作为界定（我国指60周岁）。特殊情况下为了与发达国家进行更直观的比较，我国也会将65岁作为界定。

②老龄化社会

人口老龄化现象是依附社会这一系统存在的，社会学中，根据人口老龄化的不同程度，将社会分为年轻型社会、成年型社会与老龄型社会。且针对老龄化现象，进而又提出“老龄化社会”这一概念，其中从“老龄化社会”到“老龄型社会”的变化和过渡，是老年学研究的重点。具体定义如下：

以65岁为标准时，65岁及以上的人口占总人口的4%以下，为年轻型社会；65岁及以上的人口占总人口的4%～7%之间，为成年型社会；65岁及以上的人口占总人口的14%以上，为老龄型社会，其中超过21%时称为超老龄社会；

以60岁为标准时，60岁及以上的人口占总人口的5%以下，为年轻型社会；60岁及以上的人口占总人口的5%～10%之间，为成年型社会；60岁及以上的人口占总人口的18%以上，为老龄型社会。

进入“老龄化社会”的标准，是将“人口老龄化”作为概念，以65岁及以上的人口占总人口7%或60岁及以上的人口占总人口10%来界定的。

1.1.1.2 我国人口老龄化的现状与特征

据国统局相关资料显示，1999年我国60岁及以上人口占总人口比例10%，标志着我国步入老龄化社会；到2010年，我国60岁及以上人口为1.78亿，占人口总比例13.26%，比2000年上升2.93个百分点，其中65岁及以上人口占8.87%，比2000年上升1.91个百分点，实际情况表明老龄化的进程在持续增长，据相关预测，到2025年我国老年人口将占总人口数的20%，至2050年我国人口的1/3将是老年人。

2006年2月23日，全国老龄工作委员会办公室首次发布关于人口老龄化的报告——《中国人口老龄化发展趋势预测研究报告》（以下简称《报告》）。根据《报告》相关内容，并与其他国家的情况相比较，归纳总结出我国人口老龄化的九大特征：

（1）规模巨大：至2004年底，我国60岁及以上人口为1.43亿，超过了日本全国人口总数（同年日本全国总人口近1.3亿），相当于同年俄罗斯全国的总人数；到2005年底，65岁及以上人口为1.0045亿，首次突破1亿大关；2011年六普公布数据，我国60岁及以上人口为1.78亿。据联合国预测，21世纪上半叶，我国将一直是世界上老年人口最多的国家，占世界老年人口总数的五分之一；21世纪下半叶，我国仅次于印度的第二老年人口大国的排名将保持不变。

（2）发展迅速：我国65岁及以上人口占总人口的比例从1982年的4.9%到2000年的7%，仅用了18年；在发达国家，65岁及以上人口占总人口的比例从7%提高到14%，大多用了45年以上的时间，而在中国预计用27年（2000年至2027年）就会达到这一比例，并且这个速度还在逐渐加快，年平均递增3%，到2050年我国60岁及以上人口将占总人口的1/3，将超过“世界第一速度进入老龄型社会”之称的日本。

（3）地区发展不均衡：我国东部沿海经济发达地区人口老龄化发展速度要明显快于西部内陆经济欠发达地区，老龄化人数呈现出由东向西区域递减之特征。最早进入人口老龄化社会的城市上海（1979年）与最迟进入人口老龄化社会的城市宁夏（2012年）相比，时间跨度长达33年。

（4）高龄化趋势显著：随着我国人口老龄化程度的不断加深，高龄人口的比重将进一步增大（80岁以上为高龄老人），其人口规模将由目前的2100万增加到2050年的1.08亿，比重由11.4%提高到22.3%。高龄老人生活不能自理率达30%以上，90岁以上老人的生活不能自理率高达50%以上。比起低龄老人（60～69岁），高龄老人需要护理服务的可能性更大，所以高龄老人的增加将要求社会和家庭担起的责任更大。

（5）城乡倒置：目前我国农村人口老龄化程度已达到15.4%，比全国13.26%的平均水平高2.14%，高于城镇老龄化水平。全国人口老龄化程度为13.26%，农村人口老龄化程度已达到15.4%，高于城镇老龄化水平2.14%。并且据相关资料显示，这种城乡倒置的状况将一直持续到2040年，直到21世纪后半叶，城镇的老龄化水平才将反超农村，并逐渐拉开差距。

（6）女多男少：目前，我国老年人口中女性比男性多，并预测到2049年达到峰值（多出2645万人）；21世纪下半叶，多出的老年女性人口数量基本稳定在1700～1900万人，并且这部分人口中有50%～70%为高龄老人。

（7）未富先老：早先进入老龄化社会的一些发达国家，当时人均国民生产总值一般都在5000～10000美元以上，呈现出“先富后老”或“富老同步”，这为解决人口老龄化所带来的一些问题提供了经济基础。反观我国进入老龄化社会时，人均国民生产总值约为1000美元，呈现出"未富先老"，目前虽有部分城市和地区人均国内生产总值超过了5000美元，但我国仍属于中等收入国家行列，应对人口老龄化情况的经济实力还比较薄弱。

（8）未备先老：我国进入老龄化社会时，社会养老保障体制的建立还相对滞后、养老措施还不够完善、针对老年人特点的专业化医疗卫生服务还没有形成、各级各类医疗卫生机构针对老年人服务的能力还十分有限。

（9）多重压力背景：老龄化进程伴随着家庭小型化、空巢化，且社会养老保障和养老服务的需求急剧增加，加之国家在建立健全社会主义市场经济体制过程中，改革与发展任务繁重，社会要保持稳定，各种矛盾相互交织，使得解决人口老龄化问题更为艰巨。

1.1.1.3 老年人居住及照护问题的产生

人口老龄化绝不单纯是老年人口数量增多和比重提高的现象，更为重要的是由这一现象所带来的一系列问题，将影响到经济、社会、政治、文化、环境等诸多领域，也包括建筑领域。实际上衣、食、住、行、用等生活的基本要素，对于老年人而言，着重体现在居住与生活照护方面，且生活照护是依托于居住这一背景下。

对于老年人的居住之所以上升到“问题”这一层面来，是由多方面因素造成的，主要表现在以下三方面：

（1）老年人自身生理、心理的变化与居住现状不协调

随着年龄的增长，人的身体机能出现老化，例如：如厕的次数明显增多、腿脚行动不便、视力下降等；而在心理方面，由于没有工作、子女不在身边等情况，老年人往往会感到孤独、不被社会尊重。但是他们目前的居住环境无法适应他们身心的巨大变化，缺乏具有针对性的适老化设计，比如卫生间的数量与位置、无障碍设计、关怀设计等。

（2）家庭结构的变化使得传统的居家养老不能满足对老年人的生活照护

由于我国20世纪的计划生育政策、近年经济的快速发展、年轻一代受教育程度的加深等因素，导致我国人口在家庭结构上发生巨大变化，主要表现为家庭核心化、小型化，在家庭代际人口配比关系上，形成所谓的“421”家庭结构甚至“8421”家庭结构。这些使得独居老人、空巢老人增加，很大一部分老年人需要独立居住生活，加之由老龄化所导致的人口抚养比例的增大，使得以“孝道、亲情”为基础的传统居家养老很难满足对老年人的生活照护。2015年我国开放二孩政策，虽然会适当改变家庭结构，但这种映射影响至少还要20年。

（3）伴随生活水平的提高，老年人对居住条件有更高要求

经济在快速地发展，老百姓手里掌握的资金越来越多，当然包括老年人群体，此时他们会对居住空间的大小、公共服务设施的完备程度、居住私密性等生活品质方面有更高的要求。

1.1.2　我国养老模式现状与现阶段重点发展对象

解决老年人居住问题的难点不在于对居住的“房子”自身进行适老化设计，而在于以“房子”为依托对老年人进行的生活照护，即在适应当前背景下对老年人养老模式的探索。

1.1.2.1　我国城市养老模式现状

所谓养老模式，就是指老年人采用什么样的方式来进行养老，并且这种方式（也可能是几种方式的组合）要具有一定的概括性、可复制性。但是很多书籍、网络、杂志等提到养老模式时，名称各异、类别众多，常常让人混淆，比如“家庭养老”、“居家养老”与“在宅养老”，其实这是按不同对象分类的结果，通过对其归纳整理，发现主要可以分为以下两大类（针对城市的养老模式）：

（1）按养老责任承担者不同分为：家庭养老和社会养老

所谓养老责任，是指家庭和政府谁来承担老年人的经济赡养、生活照料与精神安慰的责任，以及各自承担多少的问题，即养老谁来承担、承担多少的问题。

①家庭养老：是指由家庭成员（主要是子女）承担全部或主要的养老责任。其中，在老人个人承担时，考虑其经济能力有限、但大多老人都有房子的情况，提出以房养老模式，即老人通过将现有房子抵押给保险公司来获取养老金的方式养老，当老人离世或自愿离开后，房子的产权归保险公司所有。

②社会养老：是指由社会（主要是政府或市场）承担全部或主要的养老责任。其中，在建设层面，按投资建设主体的不同，可以分为政府主导型与市场开发型两种。

（2）按养老居住设施及地点不同分为：居家养老和机构养老

①居家养老：又称在家养老、在宅养老，是指老人在自己或其子女的家中居住养老。但这并不意味着养老责任由家庭成员全部或主要承担，由此可知，家庭养老模式一定是居家养老模式，而居家养老模式不一定是家庭养老模式。

②机构养老：又称离家养老、异地养老，是指老人不在自己或其子女的家中居住养老，而是到养老院、福利院、护理院等设施中集中养老。与前者不同，一般机构养老的养老责任由社会全部或主要承担，所以社会养老模式不一定是机构养老模式，而机构养老模式一般是社会养老模式。根据其护理强度的不同，机构养老又可具体分为供养型机构养老、养护型机构养老与医护型机构养老三种。

此外，近年来随着人们经济水平的提高，还出现了老年人周期性或短期不在家居住，而到风景、气候较好的旅游地去养老的情况，我们称之为候鸟式养老或度假养老。

正如上所述，我国城市养老模式的现状，从养老责任承担者层面，主要是“以家庭养老为主、社会养老为辅，以政府主导型（公办）为主、市场开发型（非公办）为辅”；从养老居住设施及地点层面，主要是“以居家养老为主、机构养老为辅”。

1.1.2.2 现阶段重点发展对象——社区养老

中国自古以来讲求“孝道”文化，正所谓“养儿防老”，子女赡养老人是责任更是义务，倘若某家子女把自己的父母送至养老院中，会有人诟病道:“把爹娘送敬老院去，这孩子真不孝顺!”，即便这家老人在养老院养老并非自愿，但子女这么做了，又能如何?俗语讲到“金窝银窝不如自己家的草窝”，的确，房子住了一段时间后会产生感情，尤其对于怀旧情结严重且缺乏安全感的老年人而言，房子绝不仅仅是一个冰冷的钢筋混凝土盒子，它更是一种场所精神，一个充满回忆、充满温暖、充满依靠的“家”。所以在中国，由家庭承担的居家养老模式是根深蒂固的、是更适合老年人安享晚年的，也是老人本身所向往的。

随着我国进入老龄化社会，老年人的数量和比重不断增多、人口抚养比例不断增大，加之20世纪70年代我国实行的计划生育政策导致出生率极低，使得我国传统的家庭结构在发生巨大变化。今后我国普遍的家庭结构将会是核心化、小型化的“421”家庭结构（即四位老人、一对夫妻、一个孩子），这将造成赡养比例的严重失调，工作压力、异地居住等问题使得很多子女“心有余而力不足”，独居老人、空巢家庭的现象将普遍出现。据统计，1987年我国空巢家庭占有老年人家庭的比例为16.7%，而到了1999年这个数字上升到25.8%，2012年已经达到36.8%。根据全国老龄工作委员会预测，2015年~2035年将是我国老龄化急速发展阶段，老年人口年均增长一千万左右，到2035年我国老年人口比例将占总人口28.7%。至2015年，我国人口老龄化同时伴随高龄化、失能化、空巢化、少子化等问题，中国大中城市老年空巢家庭已达到70%。空巢老人不仅在生理上不能得到很好的照顾，在心理上也会增加老人的孤独感、无助感。面对这种情况，政府在20世纪80年代大力发展机构养老，让机构养老作为居家养老的重要补充。随着老龄化的进一步加剧，政府公办的养老机构床位数量远不能满足增长中的老年人数量，因此政府开始鼓励建设民办养老机构。1995年具有200张床位的首家民办养老机构于上海诞生，自此我国陆续成立了3万多家民办养老机构。2010年底，我国各类收养性养老机构已达4万所，养老床位达314.9万张。2013中国养老床位数有500多万张，每千名老人拥有25张，按照国务院《社会养老服务体系建设规划（2011～2015年）》，到2015年，中国“每千名老年人拥有养老床位数达到30张”，即养老床位总数约663万张。

机构养老作为居家养老的一个重要补充，虽然可以提供相应的服务，但它仍具有一定的局限性。首先，“未富先老”的客观条件，使得养老机构的服务质量很难达到高标准；其次，机构养老本身就不是中国老人内心真正需求，在这里老人很难找到“家”的感觉；最后，机构养老在某种程度上忽略了老人的心理需求。此外，仅通过不断增加养老机构的床位数，以满足新增老人数量的需求也并非明智之举，这种做法只会滋生更多上述局限性的养老机构。

近年来，学界、业界、政界相关机构通过深入地研究与借鉴国外经验，发现采用社会承担养老责任的居家养老模式将会是一个有效解决我国老年人居住与照护问题的办法。这在某种程度上，可以说是将居家养老与社会养老相结合，而二者的连接体便是社区，于是提出了“社区养老模式”——即以居住社区为载体，发挥政府、社区和家庭多方力量，合理配置社区中的人力、物力、财力资源，为老年人提供全方位服务管理，既让老人能够居住在家、留在熟悉的环境中，又可以使他们得到生活照料的一种新型养老模式，如图1.1所示。社区养老既不是家庭养老也不是社会养老，而是社区中的居家养老，是将机构养老中的服务引入社区，在社区中实行居家养老，它是一种回归的、新型的居家养老模式。国务院在颁布的《中国老龄事业发展“十二五”规划》（2011年9月）和《社会养老服务体系建设规划（2011～2015年）》（2011年12月）中指出“建立‘以居家为基础、社区为依托、机构为支撑’的养老服务体系”。可以说“社区养老”作为一种新型的居家养老，将是现阶段甚至未来30年我国的重点发展对象。

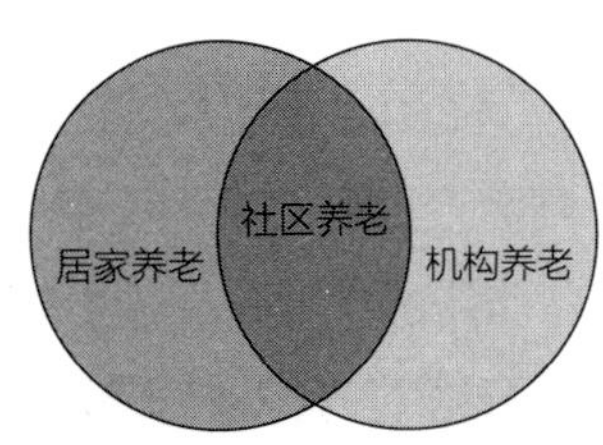

图1.1　社区养老概念示意

Fig. 1.1 Schematic of the concept of community pension

1.1.2.3 社区养老模式下的建筑模型

如果说传统的居家养老所对应的建筑模型是普通住宅、老年住宅和老年公寓，机构养老所对应的建筑模型是养老院、护理院、医护院等，那么这种新型的居家养老——社区养老所对应的又是哪些建筑模型呢？

这就要看社区养老模式自身所包含的建筑要素都有哪些。实际上，从建设层面可将社区养老模式分为插建型与新建型两类。

（1）所谓插建型社区养老模式，是指在原有社区中插建老年活动中心、老年服务中心、日间照料中心、托老所甚至是社区养老院等养老设施来对社区内的老年人进行生活照料，而居家养老的部分在社区中原有的住宅中进行。由此可见插建型社区养老模式所对应的建筑模型就是在社区内给老年人提供生活照料服务的养老设施。

（2）所谓新建型社区养老模式，是指建设一个新的社区，包括供老年人居住用的住宅或公寓与给老年人提供生活照料服务的公共服务设施两大部分。所以新建型社区养老模式所对应的建筑模型就是一个更为宏观层面的住区——老年住区。

在现阶段新建老年住区的做法相比在原有住区中插建养老设施的做法，对解决我国老年人居住及照护问题更为有效和必要。当前有很多地方政府实行插建型社区养老，在原有住区中建设老年活动中心、托老所等养老设施，但是这些设施的运营往往只能维持一年左右就会面临倒闭，实际这种做法就相当于经济上的“共同富裕”，这在现阶段是较难实现的，目前我们并没有足够的经济基础去支撑这些插建的养老设施；相反，新建老年住区，就相当于邓小平当年提出的“经济特区”概念，“先富带后富”，通过有效配置养老服务管理资源，在局部地区率先形成养老示范，并积极发挥市场竞争机制，更新人们养老观念。因此，现阶段养老模式发展的重中之重便是在适当地区建立合适的老年住区。

1.1.3 养老地产与老年住区的契机

随着人口老龄化问题逐渐被大众所关注，养老产业开始成为众多企业眼中的“朝阳产业”，而在养老产业链诸多环节中起到“载体”作用的重要一环便是养老地产，这一环节自然而然地吸引了房地产开发商的目光。虽然国内很多开发商在研究养老地产，但由于养老地产自身投资大、资金回笼期长的特点以及国家相关政策、法规的不健全，很少有开发商采取实际行动，国内纯粹作为养老地产项目来开发的楼盘甚为稀少。可以说，我国养老地产的理念和行动方面均处在一个较为混乱而盲目的起步阶段。

1.1.3.1　房地产拐点的出现

前几年我国的房地产炒得很热，房价更是高得离谱，可直至2011年下半年，地产行业开始变得不景气，局部地区房价开始出现下降趋势，老百姓多保持观望状态，至2015年，地产与建筑行业出现寒冬状态，致使专家预测房地产行业会出现拐点。小开发商资金链严重断裂甚至破产或被大开发商吞并，纷纷打算转行；打算继续做地产的开发商也普遍认识到，传统开发楼盘的方式已经过时，并不能有效地刺激消费，若想更好地发展下去必须进行转型，摆在眼前的转型之路有两条——专业化、特色化地产转型与品质化、精细化地产转型。老年地产便是专业化、特色化地产转型的重要内容之一。

1.1.3.2　养老产业的机遇

房地产拐点的出现，在某种程度上对地产商开发养老地产起到了催化作用。2012年5月在上海举办了《养老产业高峰论坛2012》与《第二届中国国际老年住区发展大会》，与会人员众多，大多来自企业，可得知社会各方力量都将目光投向了这一商机，相信在这样的一个地产转型期里，将来会有大量老年住区、老年住宅、老年公寓、老年护理院等产品出现。

面对这样一个双重契机，我们更要保持头脑清醒，决不能盲目开发，更不能直接照搬照抄国外的做法。研究适应我国市场的实际情况开发老年住区建设模式，寻求包括养老地产在内的养老产业与新建型社区养老模式的契合点才是我们的出路，如此才能让开发商少走弯路、减小投资风险，让老年住区不再“纸上谈兵”，进而才能在新建型社区养老模式下具体建构我国当前所提倡的“居家养老为基础、社区服务为依托、机构养老为支撑”的养老服务体系，为解决我国老年人的居住问题提供一条道路。

在这挑战与机遇并存的时期里，要做好养老地产、要投身养老产业中去、要真正实现老年人的住区养老，首先要弄清“养老地产”、“养老产业”与“老年住区”这三个概念及三者间的关系：

（1）概念

养老地产，是指以老年人居住或生活照料服务为功能主体的地产。其中以老年人居住功能为主的属于住宅地产范畴，其主要产品形态为老年住宅、老年公寓等；以老年人生活照料服务功能为主的属于商业地产范畴，其主要产品形态为养老机构，具体包括养老院、老年护理院、老年康复中心等。

养老产业，就是指专门生产和制造老年人相关产品的行业，以年龄以及由年龄决定的消费特征为标准而划分，即为满足老年人的特殊消费需求而为他们提供产品和服务的产业，其产品内容涉及老年人衣、食、住、行、娱、医、健、教、购、咨等众多领域。这些相关产品可以分为两大类，即有形的和无形的。有形的产品主要包括：老年设施建筑和老年工业产品等；无形的产品主要是养老公共服务与管理，比如老年护理业、老年健康咨询业等，并且我们往往将这类产业称为狭义的养老产业或养老服务业。

老年住区，《中国绿色养老住区联合评估认定体系（2011.11）》中定义：“指专门为老年人设计建造的、居住相对集中的，能够给老年人提供家政、医疗保健和社会娱乐等服务的，集一般社区生活和养老功能于一体的，符合老年人体能心态特征的老年人居住区。”《社会力量参与老年住区建设的模式和相关标准》中定义：“是涵盖适合老年人起居生活使用，符合老年人生理、心理要求的居住建筑，以及为老年人提供生活起居、文化娱乐、健康训练、医疗保健等服务的公共建筑、活动场所的综合性老年生活聚集地。”老年住区就是专为老年人建造的具有一定规模的老年居住建筑与老年公共建筑、并提供为老服务的老年生活聚集地。“老年住区”更加偏向于建筑学层面用词，在社会学层面便可叫做“老年社区”。

（2）三者之间的关系（图1.2）

①养老地产与养老产业

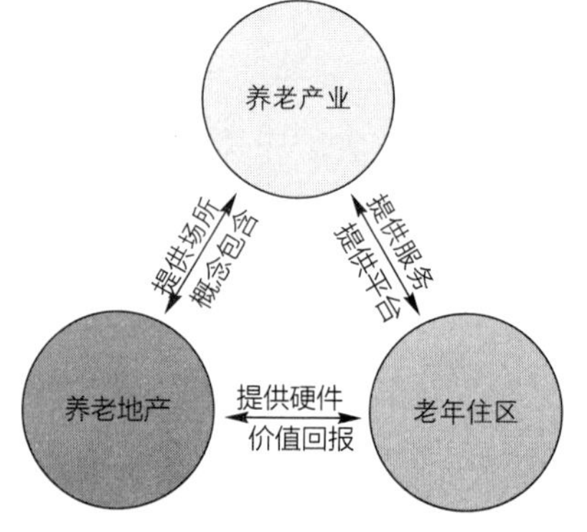

图1.2 “养老地产”、“养老产业”与“老年住区”概念关系
Fig. 1.2 "Retirement estate", "pension industry" and "elderly residential area" concept relations

上述概念中，养老地产只是养老产业中与“住”相关联的部分，它的产品形态是建筑（房子），所以养老地产仅提供养老硬件设施，并不提供养老公共服务。相比之下，养老产业的范围要比养老地产大得多，不仅包括有形的硬件产品，还包括无形的养老公共服务。但是，构成养老产业重要部分的这些无形的养老公共服务如果没有养老地产所提供的硬件设施作为基础和依托，特别是“居家养老”，就只能是空中楼阁。所以说，养老产业包含养老地产，而养老地产又是提供养老公共服务的养老产业（狭义的养老产业）的基础和依托。狭义上讲，养老产业与养老地产是一种互为补充的关系。

②养老地产与老年住区

说到养老地产与老年住区的关系，前面已经论述，老年住区纯硬件的部分，即老年住区中各种类型的养老设施，是养老地产在居住地产领域的重要产品，如果没有养老地产的开发建设，它们是不会存在的。但仅仅建设养老地产并不能提供养老公共服务，养老地产开发的目的是为了从老年住区中获取一定价值（金钱与非金钱），就硬件层面（提供建筑空间与环境）而言，两者是一种因果关系。

③老年住区与养老产业

老年住区自身是一个“建筑学”层面的词，属于一个较为宏观状态的、有形的硬件设施，但是如果要老年住区发挥其“社区养老”这一功能的话，就必须要求其内部拥有养老服务管理的能力，这个能力是要靠养老产业（狭义的）提供的；而对于养老产业，老年住区为其提供了规模化的市场，并且这个市场是整合的，换句话说，老年住区是有利于养老产业链搭接的。所以，老年住区与养老产业是一种互为利用的关系。

1.2 老年住区“复合集约”构想的提出

本节主要介绍国内外老年住区在理论和实践上的一些情况，并在总结我国已开发的相关案例的基础上，就我国老年住区的发展程度和存在问题做分析论述，进而提出一种新型老年住区——“复合集约型”老年住区。

1.2.1 国内外老年住区相关理论研究综述

对于老年住区的相关理论主要包括两大部分，一部分为针对“住区”的理论，属于建筑学、城乡规划学、住居学等的层面；另一部分为针对“老年人”的理论，属于老年学、社会学、人类学等的层面，较为具体的老年住区的理论实际上是这两个层面的交叉叠合。此外，还有学者从房地产营销、策划等层面来进行相关研究。

1.2.1.1 国外相关理论研究

西方工业革命之后才逐渐形成较为系统的城市住区规划理论。从西方关于住区规划与设计理论研究的历史发展来看，早期其规划思想主要以功能主义为代表，属于物质层面的规划，把建筑的形态设计作为主体内容，注重研究物质空间的环境要素。1898年，霍华德提出田园城市理论，主张“把积极城市生活的一切优点同乡村的美丽与一切福利相结合”，建设一种兼具城乡优点的“花园城市”来增强城市的宜居性。1929年，佩里提出“邻里单位”概念，主张将城市干道所围区域为基本单位，建成具有一定规模（人口和用地），居住环境舒适、安静、方便的邻里住区环境。1933年，《雅典宪章》明确提出“居住是城市的第一功能”，要求以人的尺度与需要为中心、以居住为重点，通过考察居住与设施、工作、休闲之间的区位及联络尺度，来改变生活设施不配套、工业与居住相混杂、居住环境卫生差等落后状况，提高城市住区环境的适居性，让城市满足居民生理、心理上的最基本需求。

随着城市住区规划的不断发展，现代住区规划理论将视野转向社会科学领域，并引入很多相关思想和成果，把住区作为城市大体系下的一部分，更加关注人的社会性群体生活，即从社会学的角度对住区规划建设与居住环境营造进行综合研究。1954年，“十次小组”在荷兰杜恩发表《杜恩宣言》，提出“住宅—街道—区域—城市”代替《雅典宪章》对城市功能的划分，通过居民日常活动的接触引发彼此人际关联与邻里认同。1961年，简·雅各布斯出版著作《美国大城市的死与生》，从城市自身特性、城市多样化的条件、城市衰退与更新的势力等方面抨击并重建改组原有正统理论的原则和目的，提醒居民“城市为谁规划?”这一最基本问题。C·亚历山大在《城市并非树型》中质疑物质性城市规划的树型结构，认为在规划时应注重再现居民生活的自由选择和多样性。1971年，扬·盖尔出版著作《交往与空间》，其对日常生活、活动的各种户外空间及相互作用进行了细致的分类。20世纪80年代，拉普卜特出版著作《建成环境的意义——非言语表达》，研究使用者的意义和日常环境，探讨人与环境的关系，并从多学科（社会学、符号学、环境心理学、环境行为学等）角度对建成环境进行分析研究。

在与老年相关的住区规划研究方面：二战后，住居学在日本有很大发展，吉阪隆正在《住居的发展》中将人的生活分为三个层次（第一生活：休养、生殖、采食、排泄等人的生物性基本行为；第二生活：家务、生产、消费、交换等辅助行为；第三生活：表现、创作、构思、游戏、冥想等高层次的精神活动），并提出老年住宅最值得重视的是第二层次。黛安·Y·卡斯腾斯所著的《老年人的场地规划与设计》对老年住宅区户外空间进行研究，从场地规划、总体布局到基于老年人交往和心理需求的设计导则等方面进行论述，并提出相应建议。2001年，克莱尔·库珀·马库斯与卡罗琳·弗朗西斯出版的著作《人性场所》也对老年住宅区户外空间进行了研究。自2004年开始牛津布鲁克斯大学可持续发展学院的伊丽莎白·伯顿等针对老年痴呆症患者进行了建成环境是如何影响居住者和其他使用者的幸福感、身心健康和生活质量的研究，提出了“可持续发展满意度”的概念，并出版著作《包容性的城市设计》。此外，老年社会学领域，美国学者罗斯提出“老年亚文化群”理论，该理论对老年群体的共同特征进行研究，并认为老年亚文化群是老年人重新融入社会的最佳方式。

1.2.1.2 国内相关理论研究

在我国，关于住区规划与设计的相关理论研究主要来自国外。住区规划与设计应包括物质与非物质两大部分，但实际上我国目前仍以物质规划作为住区规划与设计的核心，对非物质层面考虑甚少，关注点主要在人的行为语言及其活动的场所上。

我国研究人口老龄化及养老问题起步相比欧美一些发达国家较晚，始于20世纪80年代初。建筑学界正式对老龄问题进行研究，于1995年，由东南大学胡仁禄先生主持的国家自然科学基金项目——《城市老年居住建筑环境研究》。该研究首先对我国城市老年居住环境问题进行了详尽的调查、分析，然后在学习、借鉴国外老年居住环境相应对策的基础上，提出了我国城市老年居住建筑环境建设的基本构想。同时，从居住建筑适老化的角度出发，对老年人体工效学与居住环境的相关性进行了研究。自该研究成果问世以来，业内更多的学者开始关注老年居住问题，并沿着老年居住建筑环境的基本构想层层深入。

一部分从研究老年人日常的生活行为特征和自身需求出发，对老年人居住建筑设计、老年人居住的室内外环境营造、适老化的无障碍设计以及相应的公共服务设施设计等方面进行了深入探讨。如清华大学周燕珉教授已出版三本著作——《住宅精细化设计》（Ⅰ和Ⅱ）与《老年住宅》、师睿的硕士论文《浅谈老龄化社会和居住区环境设计》等。此类研究目前较为全面深入，成果也颇丰，并在实际项目中已逐渐被开发商和业主认可应用。

另一部分从居住小区规划设计的层面探讨老年人住宅布局体系。这一类研究从我国“居家养老为主，社会养老为辅”的养老模式现状出发，对居住小区如何进行适老化规划设计进行分析研究。例如宋媛媛的硕士论文《常态社会化住区新型养老模式初探》、帅同检的硕士论文《我国城市“持续照护”型老年社区规划与设计研究》等，研究成果多为建立起成一定规模的适合老年人居住的住宅体系。这一类研究尚在探索阶段，尚且没有很成熟的体系模型可以用于实践指导。

此外，还有部分研究从经营管理的角度出发，探讨老年住宅的有效运营方式，主要代表为刘美霞等编著的《老年住宅开发和经营模式》，这类研究成果尚少。

2011年3月，中国百年建筑研究院与中国房地产业协会老年住区委员会联合向建设部科技司申报了《复合型老年住区发展模式研究》，并于2011年6月获准通过立项审批。该课题研究侧重老年住区的复合层面，并且从更为宏观的角度研究其建设发展问题。

2014年12月，住建部项目《我国“复合集约型”老年住区的发展模式研究》通过立项审批，目前项目正在研究中，本书即作为该课题的重要研究成果之一。

1.2.2 国外老年人居住现状与老年住区发展概况

1.2.2.1 国外老年人居住现状

（1）欧美国家

欧美国家大多属于福利性国家，老年人居住主要采用社会养老模式，但是近年来随着人口老龄化的加剧、全球性经济危机等的影响，使得欧美政府感到养老负担增大，开始提倡老人回归家庭养老。

欧美各国在解决老年居住问题上主要有三个特点：

①让大多数老年人仍住在自己家中，同时发展养老产业，为老年人提供上门服务；

②适度发展老年公寓，并按类型可分为供养型老年公寓（主要针对自理老人）、养护型老年公寓（主要针对介助老人）、医护型老年公寓（主要针对介护老人）；

③个人支付与社会保障相结合。

欧美国家老年人的居住模型，种类繁多、名称不尽相同，但实质基本相同，大体可分为三种：普通住宅（或公寓）、老年住宅（或公寓）、养老机构（多为社会福利性护理院）。需要指出的是，欧美对于居住产权问题关注甚少，所以对于住宅和公寓的概念实际区分甚微，但是在具体形态上，住宅主要有独立式和集合式两类，而公寓则以集合式为主。根据赵晓征《养老设施及老年居住建筑》的资料整理，目前欧美各国，三类居住模型所占的比例如表1.1所示。

普通住宅与传统的居家养老（家庭承担）相对应，老年住宅与新型居家养老（社会承担）相对应，养老机构与机构养老相对应，结合表1.1中的数值，我们取平均值可得，普通住宅：老年住宅：养老机构为91.84%：5.32%：2.84%，即居家养老：社区养老：机构养老约为92：5：3，基本是目前英国的状态，而我们国家提出的比例是90：7：3（即“9073”养老模式）。

表1.1　欧美国家老年人居住模型的构成及比例

Table 1.1 The composition and proportion of older people living model in Europe and the United States

国家	普通住宅	老年住宅	养老机构	具体构成（普通住宅除外）
美国	90%	5%	5%	独立生活住宅、集中生活住宅、生活辅助住宅、护理院、特殊照顾型住宅
英国	92%	5%	3%	独立生活住宅、集中生活住宅、生活辅助住宅、养老院
瑞典	91.4%	5.6%	3%	老年专用公寓、服务住宅和家庭式旅馆、老人之家
法国	94.5%	3.9%	1.6%	生活辅助住宅、老年公寓、护理院、疗养院
德国	91.3%	7.1%	1.6%	社会住宅、老年公寓、养老院、护理院、综合机构

资料来源：结合《养老设施及老年居住建筑》（赵晓征编著），作者自绘

（2）日本

日本是亚洲最早进入老龄化社会的国家，始于1970年，在这40多年的时间里，针对老龄化问题，日本借鉴了欧美发达国家的经验，并结合本国孝敬老人的传统，逐渐形成以社会保险、社会救济、社会福利和医疗保健为主要内容的养老保障体系。

对于同样讲求“孝道”“亲情”文化的我国，日本有很多做法值得我们借鉴，其中最值得一提的就是日本在普通住宅方面的“两代居”模式。“两代居”，顾名思义，就是两代人（父辈与子辈）居住，如图1.3所示，按照子辈家庭与父辈家庭的远近程度，又可分为同居型、邻居型与近居型三类。我国在此基础上提出了网络式家庭结构（扩大了的“两代居”），如图1.4所示，包括同楼同层近居、同楼异层近居、同街异楼共居与同区异街共居四种类型。

日本把老年设施统称为高龄者设施，其大致可分两大类其中囊括九小类，分别是：介护保险设施（主要针对介护老人），包括护理型老人福利设施（特别养护老人之家）、老人保健设施、介护疗养型医疗设施；高龄者居住设施（主要针对借助老人），包括护理院、养护老人之家、生活援助小规模老人之家、全自费收费老人之家、认知症老人之

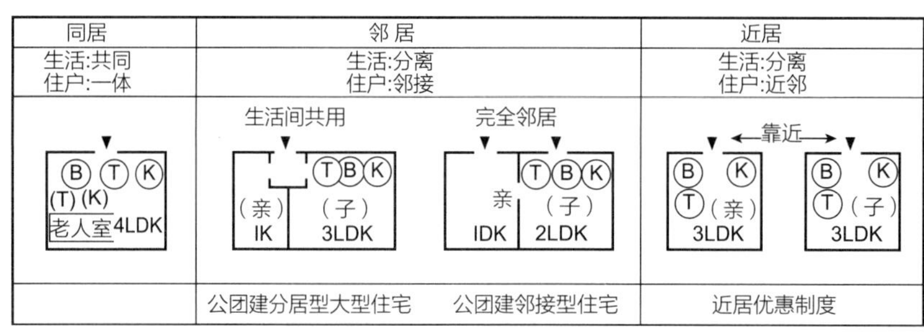

图1.3 “两代居”模式
Fig.1.3 "Two-generational Living" mode
图片来源：《老年居住环境设计》（胡仁禄、马光 著）

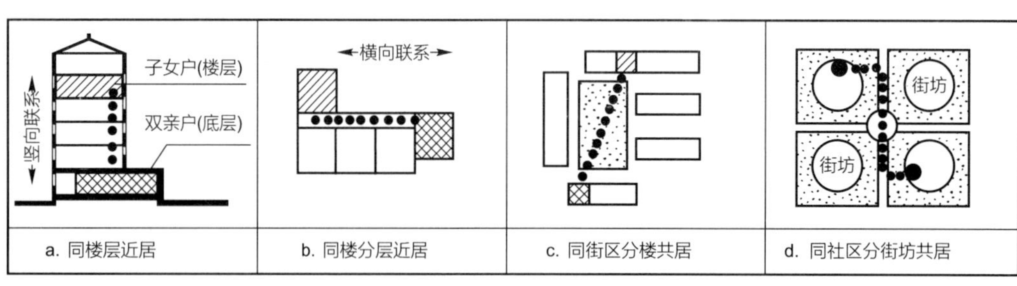

图1.4 “网络式家庭”模式
Fig. 1.4 "Network Family" mode
图片来源：《老年居住环境设计》（胡仁禄、马光 著）

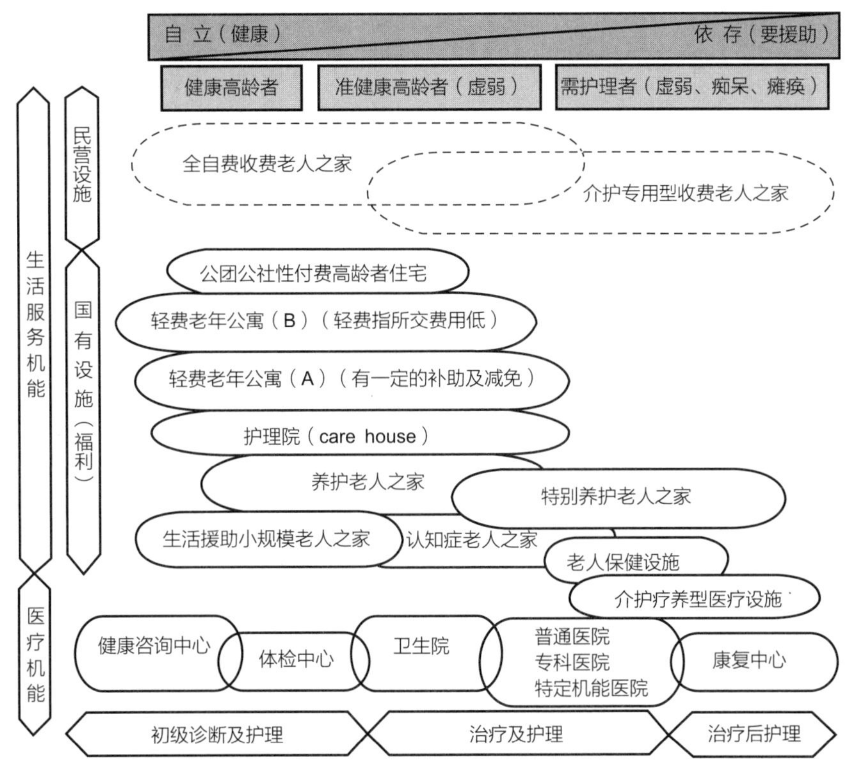

图1.5　日本高龄者设施的定位
Fig. 1.5 Japanese elderly facilities position
图片来源：《养老设施及老年居住建筑》（赵晓征编著）

家、面向高龄者的优良租赁住宅。图1.5较为清晰地表示了日本高龄者设施的定位情况，将生活服务功能与医疗功能、民办与公办设施加以区分，同时，根据老年人的身体状况，明确了各设施中需要介助及介护的程度。

与欧美国家相似，日本老年人的居住模型也可以分为：普通住宅、高龄者居住设施、介护保险设施三类，且其各自所占比例分别为94.6%、1.1%、4.3%。

1.2.2.2　国外老年住区发展概况

前面对国外老年人的居住现状做了简单介绍，但是并没有提到“老年住区”这样的名词，那么是否在国外就不存在呢？答案是否定的。实际上，在欧美国家，社区概念已经深入人心，其城市功能分区的界限已经很模糊，各自的领域感并不强，这与我们国家是不同的。

以大学为例，国外的大学没有所谓的围墙，从学生宿舍出来就是城市街道，不远处便是图书馆，学校区域和所在城市融为一体；而在我国，围墙将大学区域与城市街道界定开来，学校的领域感很强，但也削弱了其与城市的对话。同样，对于居住区也是如此，国外的居住建筑与公共建筑是相对集中且有机混合的，在住宅附近建有一个超市、邮局是一件稀松平常的事，不会感觉这个超市、邮局是开发商或政府的恩赐，而是毫无违和感的存在；在我国这些超市、邮局等往往成为“配套”设施，处于“配”的地位，换句话说，就是“居住区”在中国人心中的领域感很强。在国外往往没有“住区”的界限概念，而是以“社区”来进一步界定自己所生活的微观区域，再小就是所谓的“邻里单位”，这个领域感是较强的；而中国缩小居住区域的办法是，将“居住区”划分成几个“居住小区”，再将每个“居住小区”划分成几个“居住组团”，每个领域感都较强。

当然，国外的居住建筑与公共建筑不是完全没有领域界限的，也会适当集中，尤其对于老年人而言，从服务管理、归属感、私密性、安全性等各个层面，是相对集中的，这就是我们想找的“老年住区”（国外更愿意叫“老年社区”），美国在这方面比较清晰、发展也较为成熟。

而日本又与欧美国家不同，正如前面所述，日本是讲求传统文化的国家，非常注重“孝道”文化，甚至这种“孝”已经打破了“家”的概念，向“社会（行业）”发展，加之日本又是高福利国家，所以养老机构无论在服务软件还是在设施硬件上，都有极高的品质，这就使得机构养老也较受欢迎，所以在日本，传统的居家养老与机构养老占了98.9%的大幅比重，相比之下，以“老年住区”为居住模型的社区养老分量就少之又少。但这并不意味着不存在，其自身特点主要表现为①规模相对较小；②老人与年轻人的混合居住，实际上就是前面所提到的“二代居”和“网络式家庭”。

下面就详细介绍美国和日本老年住区的情况。

（1）美国的老年住区

美国的老年住区经历了，如俄亥俄州路什兰老年城、北卡罗来纳州阿雪凡依老年社区等，早期规模较小、形式简单、配套不全，到如今规模较大、形势复杂、配套齐全的过程。目前，在美国，老年住区主要有两类——休闲活跃型退休社区（LARC或AAC）与持续照护型退休社区（CCRC）。

①休闲活跃型退休社区（LARC或AAC）

休闲活跃型退休社区，英文全称为Leisure Active Retirement Community或Active

Adult Community，简称“LARC”或“AAC”。这类社区主要以“为退休老人提供休闲娱乐服务”为主，入住者大多为60～70岁的健康老人，年龄结构较为单一，其中“美国太阳城”项目是这类社区的典型代表。

美国现在有很多太阳城，在西海岸、东海岸、南部等等，包括亚利桑那州、加利福尼亚州，其中最早的是亚利桑那州凤凰城的太阳城（Sun City），由Del Webb公司于1960年开始建设，经过20年的发展基本建成。后来，由于越来越多的退休人员居住到这个区域，在20世纪80年代后期，Del Webb开始建造Sun City West，在20世纪90年代后半期开始建造Sun City Grand，在2000年左右开始建造Sun City Festival等等，目前主要有17个，见表1.2。实际上，我们发现“美国太阳城”项目从规模上可分为两大类：第一类是最早在亚利桑那州凤凰城建设的两个太阳城——Sun City与Sun City West，其特点是规模大、配套全。比如Sun City，占地约8900英亩（3600公顷），总人口数4.4万多，有3个乡村俱乐部、8个高尔夫球场、16个购物中心、1个有402个床位的医院等等；Sun City West（18年以后Sun City竣工这年开始建设），占地约7100英亩（2873公顷），总人口数3.1万多，有1个乡村俱乐部、7个高尔夫球场、1个有297个床位的医院等等。除这两个太阳城以外，其他大量的太阳城实际上规模也就是几千人或1万人左右，基本配套没有那么全，只有1～2个康乐中心，几个俱乐部，配备1～2个高尔夫球场，此为第二类。相比，第二类太阳城对我国的借鉴意义更大。

表1.2　DELWEBB公司在全美各州所开发的退休社区一览表

Table 1.2 List of retirement communities in the nation states developed by DELWEBB

州	城市	Sun city 老年社区
亚利桑那州	Sun City	Sun City
	Sun City West	Sun City West
	Tucson	Sun City Vitoso Community
	Surprise	Sun City Grand
佛罗里达州	Sun City Center	Sun City Center
	Ruskin	Sun City Retirement Residence
加利福尼亚州	Sun City	Sun City
	Palm Desert	Sun City Palm Desert
	Lincoln	Sun City Lincoln Hills

续表

州	城市	Sun city 老年社区
内华达州	Henderson	Sun City Anthem；Sun City Mac Donald Ranch
	Las Vegas	Sun City Aliante；Sun City Summerlin
德克萨斯州	Georgetown	Sun City Texas；Sun City Georgetown
伊利诺斯州	Chicago	Sun City Huntley
南卡罗来纳州	Bluffton	Sun City Hilton Head

资料来源：结合网络，作者自绘

对这十几个太阳城进行整理与分析，其表现为以下七个特征：

a. 项目都在郊区，占地面积大，容积率低，低密度住宅，形态多为单层、独栋或双拼；

b. 属住宅用地，房地产开发性质，靠销售产权房屋回款盈利；

c. 目标客群以55岁以上健康活跃老人为主；

d. 房价便宜，对老年购房群体很有诱惑力；

e. 配套设施多为会所和运动场，以“为退休老人提供休闲娱乐生活”为目的，并配有专为社区及周边服务的商业中心；

f. 一般不自建医疗、护理等设施，相应服务主要依靠所在城镇的大市政配套；

g. 兼有旅游度假功能。

值得注意的是，美国太阳城不设医疗、护理等配套设施的做法，降低了前期投入成本，提高了资金使用效率，减小了开发风险，是有我们借鉴之处的。但在我国现实国情中，公共医疗资源匮乏，如果住区内不能提供一定的医疗、护理服务，会影响老人的入住选择和居住品质，毕竟老年人非常关心医疗情况。

实例介绍：佛罗里达州西海岸的Sun City Center（图1.6）

项目位于佛罗里达州西海岸，坦帕和萨拉苏达之间，距离墨西哥海湾（佛罗里达州最好的海滩）只有几分钟车程，自1961年开始建设，总用地面积32.37平方公里。居住规定：所有居民必须55岁以上，这个年龄以下的，即便是亲属子女也没有居住权。子女想护理生病的老人，也只能住在该城之外的地方，18岁以下的陪同人士一年居住时间不能超过30天。

项目基本情况（据美国2000年官方统计）：现有居住单元10500个，总人口数为16321人，社区中18岁以下人数占总人数0.4%、18～24岁占0.2%、25～44岁占1.3%、

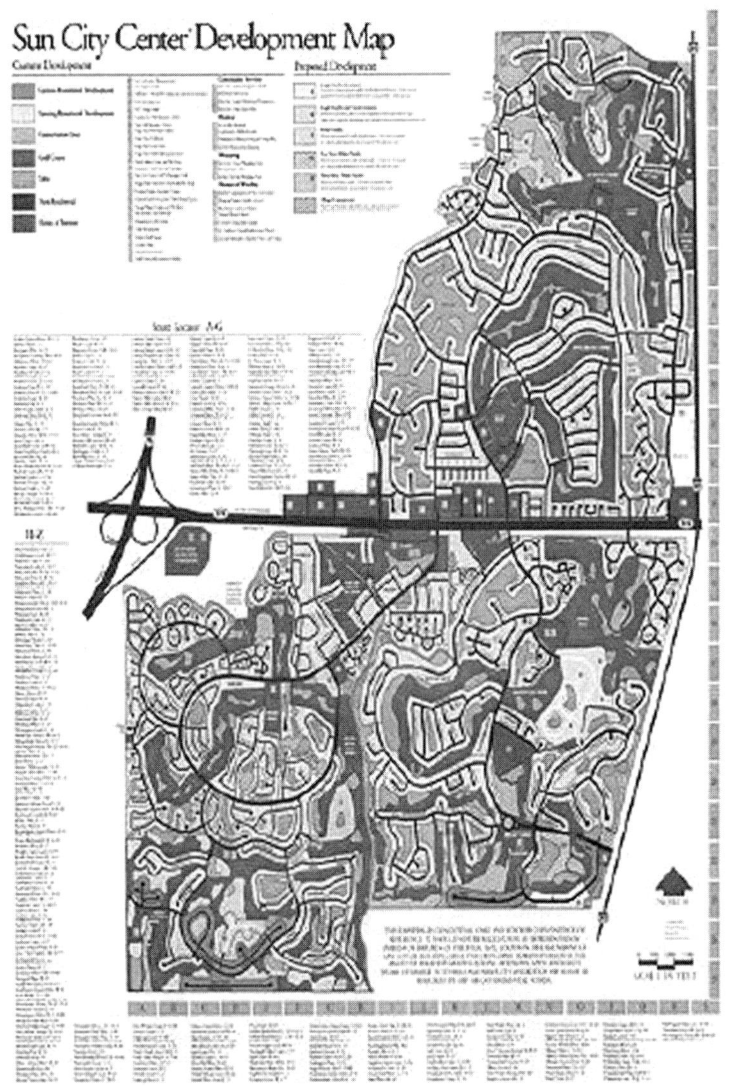

图1.6　美国太阳城中心平面
Fig. 1.6 U.S. Sun City Center plan
图片来源：网络

45～64岁占15.1%、65岁及以上占83%，平均年龄为75岁。项目分为六大居住区，分别为太阳城中心（独立家庭别墅）、国王之殿（连体别墅）、湖中之塔（辅助照料式住宅和家庭护理机构）、庭院和阿斯顿花园（出租的独立居住公寓）、自由广场（辅助照料式住宅和家庭护理机构），以上各区共同享用一个超市、邮局、银行、医疗机构和教堂。社区内建筑考虑老年人自身特征，采用无障碍设计，低密度住宅；同时社区非常重视老年人精神层面的照顾，提供各种休闲设施，包括康娱中心4个、高尔夫球场（共162个洞）8个、网球场19个、俱乐部超过200家等。房屋可租可售，以售为主，服务管理的费用收取分三部分：日常物业管理费用，按物业建筑面积收取；专业物业服务费用，按内容转向收取；配套设施使用费，按会员制或使用次数收取。

②持续照护型退休社区（CCRC）

持续照护型退休社区，英文全称为Continuing Care Retirement Community，简称“CCRC”。这类社区主要以“为各种老人提供医疗护理服务”为目的，入住者年龄跨度较大，身体状况各异，包括完全可以自理的健康活跃老人（自理老人，一般55～65岁）、需要半护理的老人（借助老人，一般65～75岁）、和需要全护理的老人（介护老人，一般75岁以上）。

CCRC强调的是“一站式”服务，即对各类老年人都能提供相应的居住产品，以满足老年人在不同生理年龄阶段，对居住和配套服务的不同要求，老年人不需要搬家就可以在社区中安享晚年，实现“原居安老”。

根据中国百年建筑研究院院长朱文俊先生的观点，美国持续照护型老年社区有以下八个特征：

a. 项目都在郊区，但规划布局较紧凑，管理路线短，服务快捷，减少无效成本。建筑单体仍以低层住宅为主，有多层住宅出现；

b. 经营模式以会员制为主，费用包括两部分：入门费+年费（或月费），只提供租赁权和服务享受权，不提供房屋产权；

c. 目标客群范围大，包括自理、介助、介护老人，但主要针对中高端人群；

d. 产品类型按自理、介助、介护老人的基本特征不同而有所区别，但缺一不可，以保持“持续性”，一般三类产品配比为12：2：1；

e. 将康娱设施化整为零，不设大会所，为老人提供丰富的活动设施，同时节省不必要的前期投入；

f. 医疗、护理配套完善，一般紧邻医院，社区内设有医疗室、护理站等。

g. 服务（主要指护理服务）与管理人员所占比例较高，与老年人的比例一般可达1：1；

h. 设老人专属食堂，一般有两个不同标准，为老人提供营养配餐。

值得注意的是，持续照护型退休社区在经营方式上很有借鉴之处：通过会员费的收取，迅速回笼资金；持有产权有利于支持品牌扩张；通过年费（或月费）取得日常经营的收益；部分租金回报。但是我们也应看到，由于配套设施种类较多、要求较高，导致前期资金投入较大、资金回笼较慢，尤其对于一个没有形成品牌的公司，如果开发这类产品，购房者若不能认可、信任，其风险会很大。

实例介绍：弗吉尼亚州列辛顿退休人士社区Kendal（图1.7）

项目位于美国大西洋沿岸的弗吉尼亚州列辛顿地区兰基山脉脚下的小城镇上，由Dorksy Hodgson及其合伙人建筑师事务所设计，总用地面积85英亩（约34.4公顷），分两期建设，一期项目总投资1210万美元。

一期居住部分包括42个能独立生活的公寓单元、30个能独立生活的村舍或别墅式单元、24个提供辅助护理服务的单元；公共服务部分为一个位置居中的社区中心，具体包括2个餐厅（分正规与非正规）、图书室、健身中心和社区交谊室。二期工程包括更多的公寓、别墅以及具有护理服务功能的部分，扩大社区中心面积，并与附近具有历史意义的老宅相连通，作为社区中心功能的组成部分。

在住区规划、设计方面，有以下几个特点：分期建设，持续关怀；创设无障碍步行

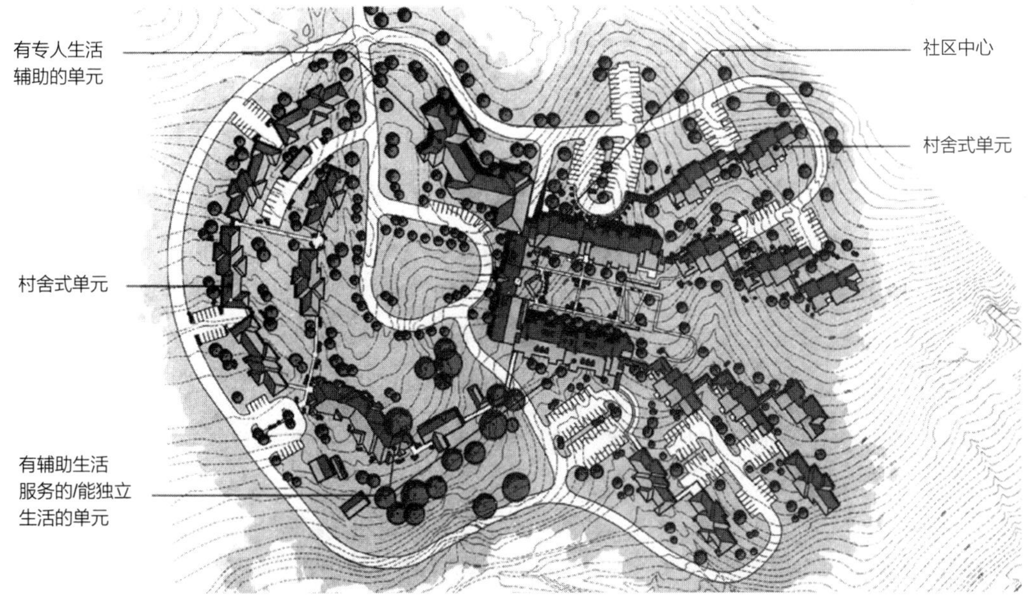

图1.7 弗吉尼亚州列辛顿退休人士社区Kendal总平面
Fig. 1.7 Column Hinton retired community Kendal site plan
图片来源：《老年公寓和养老院设计指南》（美国建筑师学会编）

网络；用廊道连接社区内各建筑；注重场地的历史意义及原有住宅；总平面规划考虑扩建与景观。

不管是休闲活跃型退休社区，还是持续照护型退休社区，入住者一般都限定为55岁以上的老年人，在住区人口构成中，非老年人的比例很小。

（2）日本的老年住区——混住型老年住区

1960年后，由于日本经济进入高速成长期，农村人口大量进入城市，使得城市人口剧增，城市、居住问题愈加严重，为此日本政府鼓励在大城市郊区集中兴建大规模居住区。但到1970年以后，由于经济的复苏和对社会住宅的积极建设，使住房危机基本得以缓解。随着日本国民生活水平逐步提高，人们开始关心居住的环境与质量。1975年以后，由居住者提出的“小规模集合住宅区的分散布置”思想，相比大规模居住区，以其社区服务水准高、居住环境优雅和用地灵活等优点，成为住宅设计的主流，而大规模居住区的规划在逐渐消失。这便是今天我们在日本很难看到大型住区的主要原因。

所以对于日本的老年住区，规模较小、形式较为简单、配套尚可，与美国早期的情况有相似之处，当然，正如前文所述，这与其自身特点有关。如果为日本的老年住区找个类型，便是混住型老年住区了。其实它属于日本集合住宅体系中的一种，有以下三方面表征：①通过多户型的变化和多样、完善服务设施，来满足老人、中年人、青年夫妇不同年龄层次的居住需求；②人们可以根据各自的愿望选择多代合居、近居或邻居的形式；③住区安排有专门为老人设计的老年住宅。

实例介绍：千叶县“新村”集合住宅（图1.8）

项目由日本新居千秋事务所设计，住区规模不大，相当于一个居住组团，居住产品类型有三种——普通住宅（适于一般家庭，198户）、多代家庭住宅（54户）、老龄者住宅（单身老人，153户），住区内还配有文化设施、体育健身设施、公共绿地花园、停车场、垃圾收集站，通过户型的多变和公共服务设施的相对完善，构筑了一个多代人交流的“新村”。人们可以根据各自不同的愿望与需求，选择不同的居住类型，构成网络式家庭；同时，住区采用无障碍设计，如所有高差部位都采用缓坡道连接，保证了住区内老人、儿童以及残疾人的活动安全。

就像千叶县“新村”集合住宅这样，日本这种不把老年人孤立出来而是把他们作为社会大家庭中的一员的做法，使老人觉得自己没有脱离家庭，安全幸福地度过晚年时光，

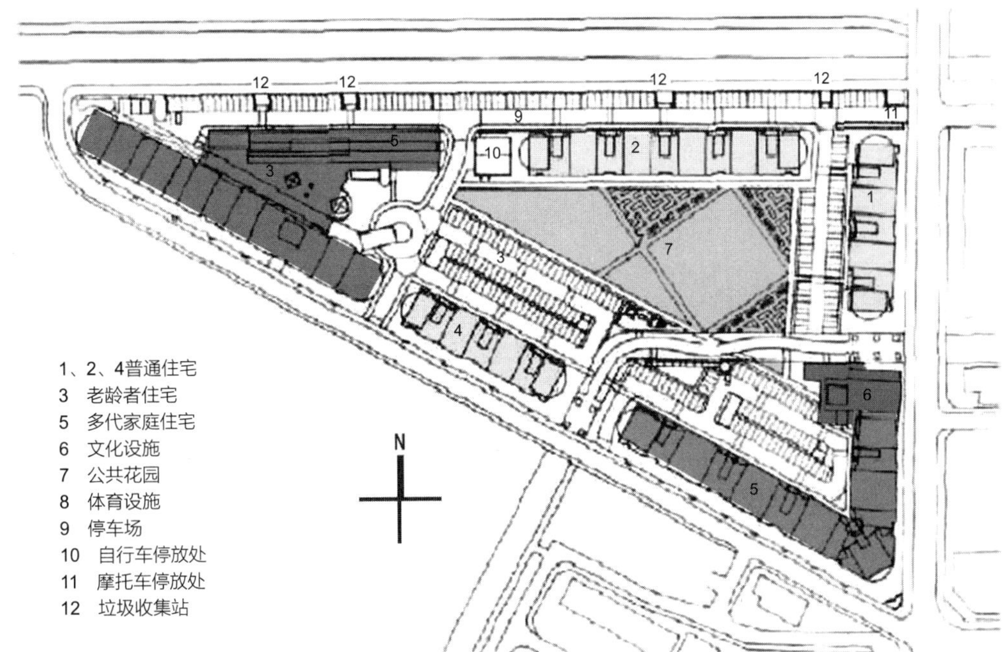

图1.8 千叶县“新村”集合住宅平面
Fig. 1.8 Chiba "New Village" collection residential plan

享尽“天伦之乐”，这对我国有很大的借鉴意义。

有的资料提到，日本老年住区还有一种类型——专住型老年住区，其代表实例有横滨“太阳城”、东京老年退休居住社区等。这类老年住区在功能内容与服务理念上与美国的持续照护型退休社区非常相似，但规模要远小于美国的情况，比如东京老年退休居住社区就是一座在东京市中心、由6层裙楼与25层塔楼所组成、集服务管理与居住为一体的高层建筑，我们认为，这还是属于被扩大化、被居家化的养老机构，在此不再赘述。

从以上对美国和日本老年住区的介绍可以看到，美国老年人的生活质量是在良好的社会保障体系和独立自主的社会文化的基础上实现的，因此老年住区中，老年住宅以连体别墅为主，多为低层住宅，住区规模大、配套齐全，内有各种各样的俱乐部，开设的课程和组织的活动很多，室外空间的尺度较大，户外活动较多；而日本老年人的生活质量是在良好的社会保障体系和尊老敬老的传统文化的基础上实现的，因此老年住区中，老年住宅以集合住宅为主，多为多层住宅，并采用“二代居”和“网络式家庭”模式，住区规模不大，相应配套种类尚可、规模不及美国，室外空间尺度以“亲人”为主。此外，美国老年住区具有明显的市场导向，注重市场选择与开发模式，而日本具有明显的社会导向，注重文化因素与人文关怀。

1.2.3 我国老年住区发展现状分析

随着社会人口老龄化的加剧、国家“社区养老”的政策导向以及房地产拐点所带来的机遇，社会各界力量尤其是地产开发商，都将纷纷参与老年住区及相关产品的开发上来，而实际上，早在21世纪初，就有一些有识之士开始开发相关产品，十几年来的发展，我国部分城市已经建起不少老年住区项目，下面就结合几个典型案例对我国老年住区的现状及发展做详细的分析论述。

1.2.3.1 几个我国老年住区的典型案例

（1）北京太阳城

建成时间：2001年

项目性质：中国式医护型持续照护型老年住区（CCRC）；民办民营

区位选址：北京昌平区小汤山镇（风景区），郊区

用地属性：协议农田土地转让

目标客群：自理、介助、介护老人、需要临终关怀的老人（以低龄老人的居家养老为主占整个社区60%～70%）

相关指标：总用地面积42公顷，总建筑面积约32万m^2，容积率0.64，绿化率60%，住宅区24万m^2，商业配套8万m^2，2万m^2人工如意湖

居住类型：居家型老年公寓（包括住宅公寓区与别墅区，由物业公司管，老人占总老人数的60%～70%）、介助介护式老年公寓（建筑面积27800m^2，老人占总老人数的10%～20%）、高端全程性老年公寓、度假式老年公寓

配套设施：太阳城医院（建筑面积10000m^2，100床，属一级甲等综合性医保定点单位）、购物中心（建筑面积5000m^2，开办“一站式”服务，可电话购物、送货上门）、阳光水世界会员俱乐部（集医疗养生、休闲度假、健身娱乐、温泉洗浴、餐饮购物为一体）、文化教育培训中心（建筑面积3600m^2）、奥林匹斯度假俱乐部（建筑面积50000m^2）、物业

管理中心、邮局等

经营模式：出售房屋产权，收取日常服务与管理费用

项目特色：规划功能分区明确，功能设施板块与居家养老板块分开布局；个性综合化服务、共享全球度假酒店资源、居住形式多样（购买所有权的居家式、按月缴纳费用的租住式、介助介护老人的安养式、度假式）

（2）北京东方太阳城

建设时间：2003年

项目性质：民办民营

区位选址：北京顺义区潮白河畔（风景区），郊区

用地属性：政府招标出让

目标客群：自理、介助、介护老人

相关指标：总用地面积234公顷，总建筑面积约80万m^2，容积率0.29，绿化率80%，16万m^2的人工生态湖，75万m^2的景观绿地

居住类型：联体别墅、独栋别墅、点式公寓、板式公寓。连廊式公寓、中式四合院

配套设施：商业文化中心、康体医疗中心、度假酒店、度假公寓；老年大学；休闲运动俱乐部；邮局、超市

经营模式：出售房屋产权，收取日常服务与管理费用

项目特色：整体定位为“退休社区”，宗旨是“父母的第一居所，儿女的第二居所”、医疗服务开设有家庭病房

（3）北京太申祥和山庄

建设时间：2002年10月

项目性质：集养老、养生、医疗、培训、餐饮、娱乐、酒店、度假、观光为一体的大型综合性服务机构；民办民营，民办非企业

区位选址：北京昌平区回龙观（中关村生命科技园区）

用地属性：租赁土地

目标客群：高端自理老人

相关指标：总用地面积10.7公顷，绿化率45%，现有会员1000多人，现有员工100人、医生60人

居住类型：公寓（55m^2/房，单人间、双人间、套间）、联排别墅（65m^2/房，单人间、双人间、套间）、独栋别墅（120m^2/房）、四合院（80~140m^2/房），统称太申祥和国际颐养院

配套设施：太医馆、太和书院、酒店餐饮（四星级，500房）、KTV包房、图书阅览室、会议室、室外健身器材、棋牌门球台球室

经营模式：可持续经营产业链，以国际颐养院会员体系（会员费+月费）和太医馆会员体系（同时对外经营）为支撑，以书院和酒店餐饮为补充

项目特色：会员制养老模式（全国首家）；庭院居住式环境；星级宾馆式服务、建筑形式为中国古典园林式建筑；北京唯一一家为华侨服务的定点单位；每楼层设有看护站；采用光线过渡设计

（4）北京汇晨老年公寓

建设时间：2007年11月

项目性质：“北京市老年社区”项目一期（共三期），公办民营

区位选址：北京昌平区北七家镇八仙庄

用地属性：政府划拨土地

目标客群：自理老人

相关指标：第一期总用地面积9.8公顷，建筑面积3.9万平方米，绿化率高于45%，（三期共规划用地54.21公顷，总建筑面积50万m^2）

居住类型：短期租住：标间(占39%)、标准套间（占54%）、豪华套间的多层连体公寓（占7%）

配套设施：社区医院、综合服务中心（建筑面积超过1万m^2）、自由种植园、生活服务设施（超市、茶室、商务美容）、休闲娱乐（室内外温泉、室外网球场、小球类运动室）、老年大学、网络教室、音乐室、放映厅、日本老年护理服务机构——来福宫

经营模式：由北京市民政局福彩基金会投资，通过会员体系（会员费+月费）为支撑

项目特色：设有绿地认领和自由种植园；呼叫定位系统；对老人提供个性化服务（如健身方案）；会员制；星级宾馆式服务；地热采暖；一卡通系统

（5）北京将府庄园

建设时间：2009年

项目性质：民办养老社区及机构

区位选址：北京五环外，环铁绿化带内，紧邻机场高速，交通便利

用地属性：政府划拨土地

目标客群：自理、介助、介护老人

相关指标：总用地面积38公顷，建筑面积约6万m^2，温泉配套中心19万m^2，建筑面积3.5万m^2，绿化率超过90%，3万m^2湖面

居住类型：单人套间（占14%）、双人标间（占41%）、套件（占24%）、别墅四合院（占14%）

配套设施：中医院，人工湖，垂钓区，高尔夫球场，运动中心，长者会馆酒店（1.3万m^2），温泉会所，SPA水疗中心，理疗舒缓中心，泳池以及总统级私人出租型会所（3千m^2）大型阶梯式会议室，图书馆，教室，儿童活动中心

经营模式：出售房屋产权，收取日常服务与管理费用

项目特色：新加坡系统物业管理，会员制

（6）北京民福桃园老年社区

建设时间：2011年底

项目性质：民航系统度假休闲旅游与社区养老的统一综合体

区位选址：北京昌平区兴寿镇桃林村

目标客群：以民航内部退休职工为主

相关指标：总用地面积39公顷，其中旅游设施用地11.02公顷，公共绿地13.13公顷，防护绿地8.76公顷，规划总建筑面积10万m^2，老人社区488户、老年公寓100床

居住类型：可自理老人可入住：双拼、叠拼、花园洋房，介助介护老人可住老年公寓

配套设施：休闲会所（咖啡馆、棋牌室、演艺舞台）、图书馆、垂钓区、室外自助烧烤、温室大棚、医疗与康复中心、购物中心

项目特色：强调智能与节能

（7）上海亲和源

建设时间：2005年

项目性质：集居家养老与机构养老于一体的会员制社区；民办民营

区位选址：上海市南汇区康桥镇，郊区

用地属性：公建配套用地，50年产权，土地成本很低

目标客群：中高端老人，男60岁以上，女55岁以上；自理、介助、介护老人

相关指标：总用地面积8.4公顷，总建筑面积约10万m^2，容积率1.19，绿化率%，16栋建筑，838套居室，1600位老人

居住类型：老年公寓（12栋，多层电梯住宅楼）、老年护理院

户型及比例：58m^2（28%）、72m^2（50%）、120m^2（22%）

配套设施：健康会所、公共服务大楼、配餐中心、老年护理院

经营模式：①购买产权，50年；②会员制，包括终身会员与永久会员（可继承、可转换）两种

项目特色：“管家式”服务；所有16栋楼风雨廊设计；为会员配置家庭医生；中国首家集居家养老与机构养老于一体的老年会员制社区

（8）上海绿地21城·孝贤坊

建设时间：2005年12月

项目性质：集度假、尊老、国际、商务功能于一身的超级人文新镇；民办民营

区位选址：上海周边昆山花桥镇绿地大道555号，郊区

用地属性：70年产权，住宅用地

目标客群：80%客户来自上海，老年业主约为50%，老年人：28.44%，给父母买房：32.06%，投资和可能来给父母买房的人：27.7%

相关指标：总用地面积约266.7公顷，总建筑面积约210万m^2，容积率：0.6，绿化率：45%

居住类型：联体别墅、双拼别墅、独栋别墅、花园洋房、电梯公寓（主力户型：公寓78～88m^2，别墅：207～315m^2）

配套设施：综合楼、商业、生化广场、国际会议酒店、餐饮中心、中国福利会幼儿园、学校、钓鱼台、百鸟园、老年养生文化馆、昆山老年医院、蔬菜市场、河韵公园、家政服务中心

经营模式：出售房屋产权，收取日常服务与管理费用

项目特色：别墅开发量大，在项目推广过程中主题丰富

（9）浙江杭州金色年华退休生活社区

建设时间：2008年

项目性质：集居住、养生、医疗康复、旅游度假于一体的、专为退休人士建造的多功能园林式生活中心；国家发改委重点项目、引导基金扶持的项目；公办民营

区位选址：杭州市西湖区转塘街道金家岭188号

用地属性：政府划拨

目标客群：自理、介助、介护老人、高收入人群；女性年满50周岁，男性年满60周岁

相关指标：总用地面积17万m^2，建筑面积10万m^2

居住类型：多层公寓（以70m^2、120m^2为主）单人间、双人间、多人间；公寓分为：居家式公寓、护理式公寓、养生公寓、酒店式度假公寓

配套设施：专供子女亲友来探望时短期居住的度假宾馆、老年大学、健身房、室内门球、浙江省人民医院医疗保健中心（进入医保系统）、国际交流中心、餐饮中心、休闲娱乐中心、购物超市、美容美发室、浴室和风雨门球场、园艺种植区

经营模式：短期(3～5年)试住、长期一次性买断育养服务费

项目特色：金色年华是国内首个以“完全退休生活”为主题的成熟老年生活社区、风雨连廊设计，地中海风格建筑

（10）四川成都金色怡园

建设时间：2004年

项目性质：持续照护型老年住区；民办民营

区位选址：崇州区滨江路南三段25号，郊区，交通较不便

用地属性：70年产权，住宅用地

目标客群：多样

相关指标：总用地面积13.33公顷，总建筑面积7.1万m^2，容积率1.5，绿化率70%，约600个居住单元

居住类型：花园式老年公寓、中式别墅

配套设施：主题公园、生活医疗保健中心、家庭服务中心

经营模式：出售房屋产权，收取日常服务与管理费用

（11）四川成都金秋乐园

建设时间：2004年

项目性质：老年社区；民办民营

区位选址：成都周边新津花园镇白云路102号；郊区

用地属性：70年产权，住宅用地

目标客群：中高收入的自理、介助、介护老人、临终老人以及中年人

相关指标：总占地350亩，第一期工程总建筑面积5.3万m^2，总户数为696户，绿化率50%二期总建筑面积约1.1万m^2，共1200余户，绿化率：36%

居住类型：院落式（中小户型为主，大户型为辅）、公寓（35m^2左右）、独院式（300m^2左右）

配套设施：2000m^2老年医疗保健中心、5400m^2大型老年人文化活动中心（门球场，篮球场，棋牌娱乐室，乒乓室，台球室，书画室，阅览室，演艺室，电教室，户外健身设备）、老年家政服务

经营模式：出售房屋产权、出租、产权式酒店

项目特色：建筑以川西民居风格为特色、创办《金秋生活》内刊

（12）辽宁沈阳香格蔚蓝

建设时间：2005年8月

项目性质：老年住宅，民办民营

区位选址：东陵区桃仙大街6号

用地属性：70年产权，住宅用地

目标客群：主要为市内退休干部或者处于机关、国企等年龄在40～55岁之间文化素质较高的中老年人

相关指标：占地面积：19万m^2、建筑面积：12万m^2、绿化率：40%、容积率：0.7

居住类型：叠拼、联排别墅；别墅面积区间257～400m^2、洋房面积区间：88～211m^2

配套设施：中高档健身娱乐场所、高尔夫练习场、足球场、羽毛球馆、击剑馆、网球场、沈阳医学院沈洲医院、辽宁省老年大学听雨观澜分校、种植园

经营模式：出售房屋产权，收取日常服务与管理费用

项目特色：全国首例高端颐养大宅、独创“三世同堂”居家颐养新模式、东北三省首个绿色养老住宅

（13）台湾长庚养生文化村

建设时间：2004年

项目性质：依托长庚医院建成

区位选址：台湾省桃园县龟山乡旧路村长青路2号

用地属性：作为福利用地，政府低价划拨

目标客群：年满60岁配偶年满50岁

相关指标：总用地面积34公顷，4000户，绿化休闲场地17公顷

居住类型：多层住宅

户型：一房一厅（46m²）、一房二厅（73m²）房屋为7层住宅

配套设施：体育馆、健康俱乐部、游泳池、网球场，宗教活动场所、社区医院、会议厅、儿童嬉戏场、图书馆、教室、KTV、野果园

经营模式：短期出租（预付10年房租）、长期入住（预先缴纳保证金，之后定期缴纳管理费、膳食费等生活费用），入村时预付一年管理费用作为保证金，退租时无息退还

项目特色：小区内每一栋楼都有护理站，此房不能作为遗产处理，到不住时须交回村里作为捐助。设有村民代表参加的村民管理委员会，设村长一人，自主经营和管理。管理分成有酬工作和志愿义工服务。村内居民们参加义工活动，做满一定义工时间，可以减免部分费用。文化村不用政府补贴，接受慈善机构捐助

（14）山东龙口老年养生谷

建设时间：2010年11月

项目性质：民办民营

区位选址：山东龙口南山旅游景区

用地属性：70年产权，住宅用地

目标客群：自理、介助、介护老人

相关指标：总占地面积9.38万m²，建筑面积3.76万m²，绿化率达60%，建筑密度16.1%、五栋公寓

居住类型：公寓：双人间，单人间（四星级酒店标准装修，26～46m²）

配套设施：1.6万m²山东南山老年大学、1.7万m²阳光艺术广场，门诊室、检查室、中医理疗室、矿泉SPA、足疗室，会所综合活动室设有棋牌室、乒乓球、桌球、健身房、游泳池

经营模式：出售房屋产权，收取日常服务与管理费用

项目特色：凡在国际休养中心居住的满60周岁以上的老同志，凭入住证可免费游览南山景区

（15）天津卓达太阳城

建设时间：2011年

项目性质：集养老、文化、生态休闲、健康、教育于一体大型卫星城；公办民营+民办民营

区位选址：天津市武清区河西务镇

用地属性：70年产权，住宅用地

目标客群：全龄化服务型养老社区，适合于各年龄段人群居住

相关指标：本案总体规划占地约11000亩，规划总建筑面1300万m^2，（一期占地412亩，总建筑面积30万m^2，容积率1.47，绿地率30%以上，车位比例1：1。）

居住类型：6层电梯洋房、11层板式小高层、联排别墅

配套设施：中华孝文化博物馆、老年医院、老年护理中心、老年大学、适老公寓，康复中心、老年健身活动中心、100万m^2的集商业、餐饮、娱乐、休闲为一体的开放式服务区、

经营模式：出售房屋产权，收取日常服务与管理费用

（16）湖南长沙康乃馨国际老年生活示范城

建设时间：一期2011年3月（共3期）

项目性质：湖南教育报刊社与湖南湘教集团共同投资

区位选址：望城区星城镇银星路

目标客群：多样

相关指标：总用地面积23.3公顷，5000床，绿化率：41%，容积率：3

居住类型：疗养型公寓（针对老年人）、养生型住宅（老、中、青，40～110m^2）

配套设施：二级医院（17000m^2）、老年呵护中心（300床，8000m^2）、翠湖（10000m^2）、秀山及园林景观（8000m^2）

经营模式：养老服务、医疗服务、部分房产销售、部分租赁

项目特色：“医疗+养老+地产”模式；分期建设（一期：配套先行，医院、老年呵护

中心；二期：疗养型公寓、养生型住宅；三期：高端老年社区）

（17）杭州万科随园嘉树

建设时间：2013年

项目性质：依托万科良渚文化村

区位选址：余杭万科良渚文化村内

用地属性：旅游用地，40年产权

目标客群：年龄在60～75之间的活力长者，年龄较大的需辅助生活的老人

相关指标：总用地面积6.4公顷，675户，绿化率35%

居住类型：健康住宅、颐养公寓

户型：一房两厅（75m^2）、两房二厅（89m^2），三房两厅（111m^2）

配套设施：景观餐厅、健康管理中心、老年人学、随园书院、多功能厅、棋牌室、阅览室、视听室、健身房、景观配套、无障碍配套、颐养中心

经营模式：健康住宅出售使用权，颐养中心收取租金，另收取服务费（包括基础服务费、餐厅服务费及其他相关费用）

项目特色：项目位于良渚文化村核心区域，环境优美，交通便利，周边毗邻大良渚成熟便利配套。从老人的身、心、灵全方位需求出发，提供包括健康管理、智慧小区、舒适生活、尊荣享受四大服务模块和86项具体服务内容；通过“6心级”服务，用心为长者。随园嘉树服务，一经创立便形成一套严格的标准和体系。通过以上的理念和实践为长者提供品质尊严的一生

（18）泰康之家·燕园

建设时间：2012年

项目性质：保险金投资的都市型养老社区

区位选址：北京市昌平新城南邵镇

用地属性：不详

目标客群：60岁以上、中高收入以上的健康老人、失能和失智老人

相关指标：总用地面积17公顷，3000人

居住类型：独立生活住宅、协助生活和专业护理公寓、失智老人照护公寓

户型：一居室（70～90m^2）、小一室一厅（70～90m^2）、大一室一厅（100～120m^2）、

两室一厅（150~170m²）

配套设施：二级康复医院、文化活动中心、四季花厅、游泳池、幼儿园、不同风格的餐厅、图书馆、宗教活动室、家庭活动室

经营模式：入住前趸交或年付总额一定金额的保险金，另收取服务费

项目特色：保险资金投资养老社区，可以将寿险产业链拉长20到30年，这是世界性的商业模式创新。秉承泰康人寿“从摇篮到天堂，泰康呵护您一生”的企业理想，泰康之家将按照国际标准，建设完全颠覆传统养老院模式的大规模、全功能、高品质现代养老社区，呼唤中国人回归自我，尊重生命

（19）北京曜阳国际老年公寓

建设时间：2010年

项目性质：由北京城建集团与红十字会合资成立的养老地产项目公司开发

区位选址：密云城区西北10公里处

用地属性：专用于老年公寓建设的集体用地

目标客群：60岁以上、中高收入以上的健康老人、失能和失智老人

相关指标：总用地面积13.74万公顷，425户

居住类型：多层电梯公寓、退台跃层公寓、联排公寓、独栋别墅、康复公寓

户型：一室一厅（98m²）、两室两厅（126m²）、退台式两室两厅（133m²）、退台式两室两厅（129m²）、联排式三室两厅（144m²）、联排式两室两厅（103m²）、独栋别墅（291m²）

配套设施：中国武警总医院中西医康复医疗中心、餐厅、桑拿、游泳池、文化活动中心、老年大学、阅览室、棋牌室、会客厅

经营模式：会员费+月租金模式，另收取服务费

项目特色：远郊低密度养老度假住区，与中国武警总院合作的医疗设施

（20）北京燕达金色年华养护中心

建设时间：2011年

项目性质：依托燕达国际健康城

区位选址：北京东燕郊高新区

用地属性：不详

目标客群：60岁以上、中高收入以上的健康老人、失能和失智老人

相关指标：总建筑面积64万m^2，可容纳12000人

居住类型：小高层居家式公寓、小高层养护公寓

户型：一室一厅(66m^2、70m^2)、二室二厅(面积为86m^2)、三室二厅(123m^2)

配套设施：医疗护理站、老年大学、舞厅、影剧院、多功能厅、游泳池、健身房、棋牌室、理发室、中西餐厅、图书馆、银行、邮局、超市及宗教活动区域，分别设有：佛堂、天主教堂、基督教堂、清真寺，以及健康城配套的燕达国际医院

经营模式：押金+月租金模式或两年起长期押金模式，部分服务另行收取服务费

项目特色：燕达国际健康城是一座集医疗、教、研、养老、养生、康复为一体的、超大规模的医疗健康和老年养护基地。燕达金色年华养护中心作为健康城的核心部分之一，其设备比较先进，设施比较完备，设计理念先进超前，具有与医院、酒店浑然一体的便利条件，毗邻医疗机构

1.2.3.2 我国老年住区发展的程度与存在的问题

从前文中的案例可以看到，我国的老年住区，经过十余年的探索，已经初具规模，主要分布在我国经济较发达且老龄化较高的城市郊区。就其类型来看，我国老年住区与美国的两类很相似，并更倾向于持续照护型老年住区，这与早期开发商对美国的借鉴有很大关系，甚至出现“太阳城”字眼（“太阳”在美国可指老年人，我国往往把老人叫“夕阳”）；在项目性质方面，我国的老年住区主要以地产商开发为主，属民办民营，当然也有公办民营的情况；在土地获取及性质方面，以招拍挂方式出让获取土地为主，多为综合用地（使用年限50年），而以政府划拨福利用地的方式获取土地，对开发商的后期限制很大，开发商往往“不敢”采用；在盈利模式方面，以会员制（即入门费+年费或月费）为主，也有部分销售住宅产权的，比如北京太阳城的居家型老年公寓部分。

但是，我国老年住区的发展还处于初级阶段，其建设模式、管理模式、服务模式、运营模式等等还处于借鉴、摸索阶段，不是很成熟，在很多方面存在诸多问题，主要表现为以下几方面：

（1）开发建设层面

①选址偏远，联系不便

从国内的建成住区来看，大多都处在城市的远郊，虽然自然要素较好，但交通多为

不便，造成了老年人的“二次隔离”（“一次隔离”为老人从工作岗位上的隔离），这对于老人来说是不利的，一方面，偏远的区位，使老人在无形中脱离了社会这个大群体，与原来生活圈的亲戚、朋友的接触减少，容易加大老年人心理的孤独感；另一方面，交通的不便，客观上降低了子女看望老人的频率，使得老人缺少亲情的关怀，不利于老人的身心健康。

②规模大，导致投资风险大、成本高、不利于适老

国内的大部分老年住区规模都偏大，在30公顷左右，这可能与美国“太阳城”的情况有关。美国的老年住区占地规模都较大，最小的太阳城（马萨诸塞州普利茅斯太阳城）也有近146公顷，但其居住产品多为别墅，密度很低，相应的人口数也较小。美国的这种规模并不适合于我们国家，规模过大会引发一系列问题：第一，规模大，相应地建设量就大，投资额会增多，风险增大；第二，用地规模的增大，使得居住人口数也会相应增加，进而导致配套服务设施规模和比重的增大，建设成本相对提高；第三，规模过大会造成老人认知能力的下降、使用配套设施距离的增大、与周边社会环境相隔离，不利于老年人的生活。

③多为高端定位，与大部分老人支付能力相矛盾

我国建设的这些老年住区，客群定位都在高端，即使说的是中高端，实际费用也很高，比如上海亲和源的会员入门费高达98万（15年），相信在我国有这样支付能力的老人数量少之又少，大部分老人只能望而止步。当然，由于住区内配套设施比重大，导致开发及运营成本的提高，开发商想“低端”恐怕也不行。

④人口年龄结构单一，缺乏活力与朝气

在参观考察了以上提到的几个案例后发现，虽然住区内的气氛并没有敬老院、福利院那么沉闷，但也没有普通住区的那种朝气、活力，如果要形容的话，是一种优雅的“静”。安静对于老年人固然很重要，但也要适当增加活跃要素，以使老人感觉自己还在“年轻”状态，我们认为造成住区这种氛围的主要原因是住区人口结构的单一，缺少年轻人。

（2）为老服务层面

①配套设施配置不合理

对于老年人，住区的居住硬件条件固然重要，但更为重要的是住区内所提供的软

件服务，当然这并不意味着服务配置内容越多越好，盲目配置反而会因此增大开发与运营的成本，正所谓“钱要花在刀刃上”哪些服务必须要有，哪些服务可以没有，需要有清晰的界定。但是我们从调研中发现，我国现在已开发的大部分老年住区，其配套服务设施配置不合理，有很多未被使用的设施，譬如很多开发商借鉴美国的例子，在住区内设置高尔夫球场，这种“洋玩意儿”并不符合中国老年人的兴趣爱好，使用率极低。

②仅把老人作为服务对象，未充分利用老年资源

老年人是我们非常宝贵的一笔财富，俗语云“家有一老，如有一宝”，他们拥有丰富的人生阅历和经验，但是在大部分老年住区里，仅把老人看作没有社会价值需要被服务的对象，如果能给予机会让他们发挥余热，比如让退休的老教授到老年大学去教书，不仅节省了一部分资源，同时还实现了老人对“自我价值”的需求，让他们体会到自己老当益壮。

③服务品质不高

某敬老院服务人员虐待老人的视频曾在网上流传，这种情况是令人发指的但也较为少见，在我国的这些高档次的老年住区中则更是鲜有，大部分服务人员还是具有责任感和使命感的，但专业水平上他们对服务技能和护理知识的掌握有限，进而导致住区内的服务品质不能达标，因此需要加强对相关服务人员进行培训和考核的力度。

（3）规划设计层面

①空间构架与普通住区无异，缺乏针对性

我国传统普通住区的设计遵循一定的科学性，按照“分级”的空间构架，逐层界定空间领域，但是对于老年住区，如果仍然采用这样的空间构架，可能会产生服务资源浪费、老人交往选择困难等问题，因此老年住区的空间构架应该与普通住区的有所不同，但从目前情况来看，大部分实例从规划上与普通住区无异，缺乏针对性。

②户外空间缺乏适老关怀设计

无障碍设计现已普遍运用到了老年住区中，但是仅仅采用无障碍设计是不够的，老年人不等同于残疾人，他们更多的是需要细心地关怀，除了物质上的无障碍设计，更需要采用精神上的无障碍设计——关怀设计，比如无障碍坡道旁边还一定要有台阶，因为不是所有老人都敢走坡道，平缓的台阶更能给他们安全感，然而在这方面，我国老年住区在户外空间的设计上还比较匮乏。

③住宅缺乏适老潜伏性设计，不利于老年人可持续居住

随着老年人身体机能的衰老，曾经的居住条件变得不再那么方便，这时就需要对住宅进行适当的改造，比如要把这个碍事的墙砸掉、在卧室里增加一个储物柜的位置等等，但是这些住宅缺乏这样潜伏性的设计，如果不能得以解决，那么老年人就不得不离开原住宅而另寻他处，不能做到老年人的可持续性居住，难以实现老年人的“原居安老”。缺乏这种适老的潜伏性设计是我国老年住宅普遍存在的问题。

④住宅室内细部设计深度不够

如果说“细节决定成败”，那么我国老年住宅在这方面是失败的，其对细部设计深度不够，主要表现在住宅室内建筑配件、设备及装修材料的设计、选用上。比如：电视等家用电器插座的位置不利于老人的方便使用、卫生间无障碍扶手的设置不满足老年人独立使用的安全性等等。

（4）运营管理层面

①多为转让经营，不利于为老公共服务属性稳定

我国的老年住区开发商，由于种种原因，很多采用转让经营的方式运营，这不利于为老公共服务属性的稳定，即所谓的“挂着羊头卖狗肉”，开始走的是养老，随着产权的完全转让，已经无法干涉之后的运营方向，为老服务属性大幅下降，所以持有经营是我们所期望的，但持有经营有个最大的问题就是资金回笼慢，进而会增大投资风险。

②会员制模式存在潜在风险

从众多实例来看，我国有很大一部分老年住区采用的是“会员制”经营模式，但实际上，这种模式具有潜在风险。首先，这种方式存在着制度缺陷，对于会费的收取标准，国家目前没有任何相关法律法规说明，投资上容易被盖上非法集资的帽子；其次，会员费不能用作固定资产，只能用于资金的周转，所以在一定程度上会影响对现有盈利模式的评价。

1.2.4 提出一种新型老年住区——“复合集约型”老年住区

1.2.4.1 对我国老年住区发展的思考

我国老年住区存在的诸多问题，一方面是由于开发商、设计者等相关从业人员过于

借鉴国外尤其是美国的经验，没有和我国的实际国情与特色相结合；另一方面是由于老年住区作为一个新兴产品，我国还处于初级阶段，其建设模式、管理模式、服务模式、运营模式、设计模型等等还处于摸索阶段。

（1）不能完全照搬国外的经验，要结合我国特色与国情

由于国内外的发展背景存在着差异，我们不能完全照搬国外（主要指欧美国家）的经验，要结合中国的特色与实际国情，主要表现为以下四个方面：

①文化差异

在西方国家，父母与子女的联系性不是那么强，父辈把子辈抚养到成人责任义务就完成了，而子辈在法律上不承担赡养父辈的义务，属于单向性的哺育关系，老人与子女之间长期保持着各自独立的生活空间，因此老年人的独立性很强，在居住关系上则表现为常常独立居住。而在我国，父母与子女的关系是非常密切的，由于受到长期传统大家庭的生活方式与儒家思想的影响，形成了独特的“孝道”文化。年轻时，父母抚养子女，年老时，子女赡养父母，属于双向性的哺育关系，老人与子女常常生活在一起，拥有很强的家庭观念，子女无论是在道德上还是法律责任上都有义务赡养老人，因此老年人的独立性较差，反映在居住模式上，表现为以老人为核心、共同生活的大家庭结构，正所谓“N世同堂”。

②经济差异

在老龄化问题上，我国与他国的根本差别在于西方等发达国家为“先富后老”，我国则属于“未富先老”。这个非常重要，正所谓经济基础决定上层建筑，没有充足的资金很多事情都受到阻碍。欧美发达国家因雄厚的经济实力，使其能够培养大量优秀的护理服务人员、建设配套完善的养老设施、研发先进的为老产品等，老年人自身经济状况良好、生活质量较高。然而我国目前还属于发展中国家，虽然经济正在飞速地发展，但由于人口、社会等问题，我国的总体经济实力还相对较弱，人均收入水平也较低。一方面，政府没有足够的财力、物力投入到老年事业上来；另一方面，即使市场再好，消费者没有购买能力也很难发挥作用。

③观念差异

由于文化背景和经济状况存在着巨大不同，国内外老年人居住观念、消费观念也存在很大差异。在西方国家，由于老年人与其子女在生活上习惯保持各自的独立性、私密

性，老年人往往要求自己的房子要与子女的分开，保证其有独立居住的权力；同时，由于自身经济状况良好，又没有为子女储蓄的压力，国外老年人消费积极、前卫，喜欢接触新的产品，居住环境的改变对他们的影响并不大。反观我国，老年人家庭观念很重，并随着年龄的进一步增大，对亲情关系的依赖就更为强烈，并有很强的怀旧情结，在居住问题上表现为：一方面，不愿离开原有熟悉的生活环境；另一方面，喜欢和子女住在一起。此外，中国老人本身存款有限，更多的还在拼命为子女储蓄，加之我国“艰苦朴素”的优良传统，国内老年人消费消极，能省则省，不愿意接触新的产品。

④政策差异

在西方发达国家，其雄厚的经济基础是老年政策的有力保证。欧洲福利国家实行的是“全民福利”政策，政府对老年人的收入保障、住房建设以及社区服务等方面投入很大，但随着近年来老龄化的进一步加剧，其财政负担也较重。相比之下，美国的老年政策则比较灵活，政府一方面重视吸引民间机构参与，在老年住宅开发、运营上给予相应的优惠政策，另一方面重点加强对老年住区的管理以及对低收入人群的援助。而在我国，老年政策主要受苏联的影响，实行国家统包统办的全民福利政策，但由于政府财力有限，资金投入较少，福利政策真正实现的覆盖面极小，所以政府目前鼓励民办养老机构、鼓励通过社区服务回归居家养老，国务院在颁布的《中国老龄事业发展“十二五”规划》（2011年9月）和《社会养老服务体系建设规划（2011～2015年）》（2011年12月）中指出“建立‘以居家为基础、社区为依托、机构为支撑’的养老服务体系”。

（2）要把握三个基本立足点

以上分析的众多差异致使我们不能做“拿来主义者”，要结合我国自身的特点与现实的国情，在老年住区发展的问题上，我们认为首先要立足于以下三点：

①“利于市场开发”是前提

通过前面的论述，社会理应成为我国老年住区的最大开发商，而非政府。建成的“老年住区”产品，如果不能够适应市场，开发商不盈反亏，进而没人肯去投资建设，那么我们关于老年住区的种种研究就都是“纸上谈兵”，所以我们要帮着开发商研究“建设什么样的老年住区是适应市场的”，只有适应市场开发了，开发商才肯投资，老年住区这一产品才有可能成为现实，所以说，“利于市场开发”是一个大前提。

②“利于中国老人居住”是基础

之所以叫做“老年住区”而不叫做“青年住区”等其他名字，关键在于“老”字上，我们开发老年住区的根本目的是为了解决老年人的居住养老问题，如果说这个住区建成后不利于老年人居住，那一切都变得没意义。然而仅仅利于老年人还不够精准，最重要的是要利于我们国家的老年人，正所谓具体问题具体分析，我国老年人有其自身的特点，比如前面论述了欧美老年人和中国老年人在养老观念、消费观念上就有很大差异等，这些特点会直接影响到我们的策划、设计等诸多层面，所以说，“利于中国老人居住”是开展各层面研究的基础。

③“让更多的老人受益”是重要补充

从实际调研情况来看，我国目前开发的老年住区，大多走高端路线，即使有打着中高端的名字，实际收费也相当高，对于我国大部分老人来说只能望而止步。当然，以“老年住区”为整体这样一个新兴产品，开发一个老年住区的成本要比开发一个普通住区的成本高很多，所以如果让开发商走中端、低端路线也不现实，但是真正做到中高端是有可能的。“让更多的老人受益”是我们每一个人的愿望，要作为我国老年住区发展思路的重要补充。

（3）“取其精华，去其糟粕”，集国内外之优秀而大成

本节的前一部分，重点介绍了以美国与日本为代表的国外老年住区的发展情况，以及我国一些典型的老年住区案例，其中美国的休闲活跃型（LARC或AAC）与持续照护型（CCRC）这两类老年住区在市场选择与开发上有其优势，日本的混住型老年住区在文化因素与人文关怀上也有其优点，国内的这些案例也都有可供学习的地方，于是，我们思考：我们能否“取其精华，去其糟粕”，集国内外之优秀而大成呢？

我们认为这是能够做到的。首先，这些“精华”有很大一部分是可以适应我国自身特色与实际国情的，甚至有些方面非常适合我国，比如日本的混住，所以我国老年住区的发展是可以引此借鉴的；其次，这些“精华”所涉及的层面虽然各自有所不同，但彼此之间的矛盾并不是不可调和的，它们有融合在一起的可能性。

1.2.4.2 “复合集约型”老年住区概念的提出

“取其精华，去其糟粕”，从“利于市场开发”、“利于中国老人居住”、“让更多老人受益”这三个基本立足点出发，逐层推导，最终提出“复合集约型”老年住区的概念。其逻辑推导过程，结合图1.9所示，具体如下：

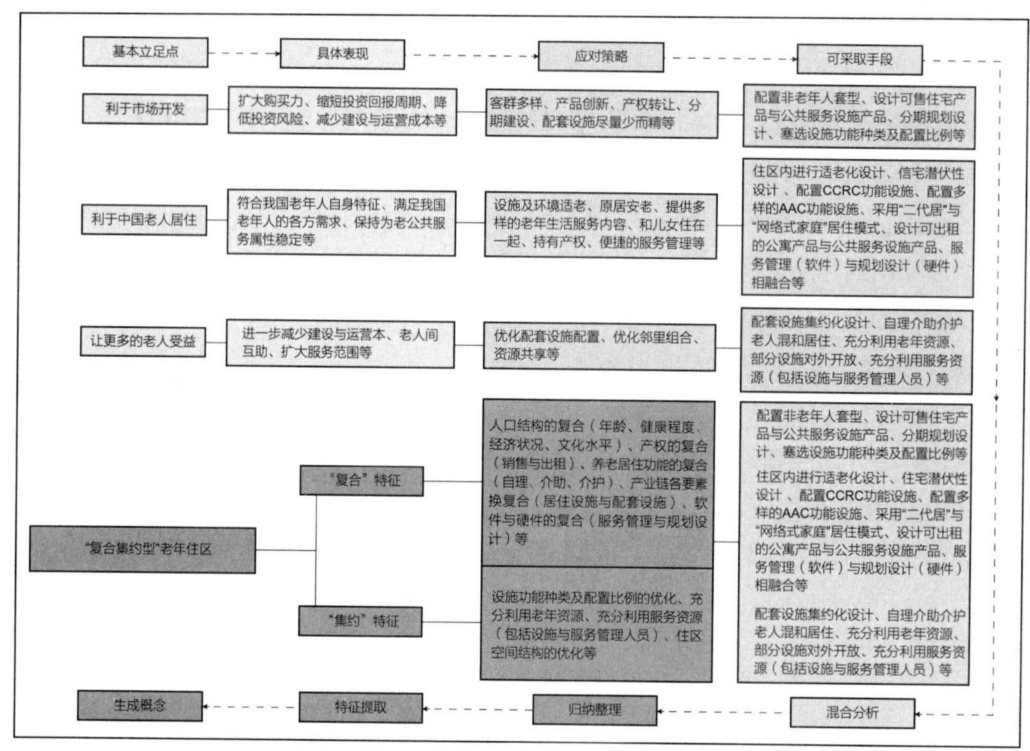

图1.9 概念逻辑生成示意

Fig. 1.9 Schematic of conceptual logic generation

适应市场开发，可具体表现为扩大购买力、缩短投资回报周期、降低投资风险、减少建设与运营成本等；进而应对策略有客群多样、产品创新、产权转让、分期建设、配套设施尽量少而精等；在此基础上推导出可采取的手段为配置非老年人套型、设计可出售的住宅产品与公共服务设施产品、分期规划设计、筛选设施功能种类及配置比例等。

适应中国老人居住，可具体表现为符合我国老年人自身特征（生理、心理、行为）、满足我国老年人的各方面需求、保持为老公共服务属性稳定等；进而应对策略有设施及环境适老、原居安老、提供丰富多样的老年生活服务内容、和儿女住在一起、持有产权、便捷的服务管理等；在此基础上推导出可采取的手段为住区内进行适老化设计、住宅潜伏性设计、配置CCRC功能设施、配置多样的AAC功能设施、采用“二代居”与“网络式家庭”居住模式、设计可出租的公寓产品与公共服务设施产品、服务管理（软件）与规划设计（硬件）相融合等。

让更多老人受益，即降低入门费，可具体表现为进一步减少建设与运营成本、老人间互助、扩大服务范围等；进而应对策略有优化配套设施配置、优化邻里组合、资源共享等；在此基础上推导出可采取的手段为配套设施集约化设计、自理老人与介助介护老人混合居住、充分利用老年资源、部分设施对外开放、充分利用服务资源（包括设施与服务管理人员）等。

从以上三个基本立足点出发得到的诸多手段中，对其进行归纳整理，可以分为两大类：复合类，包括人口结构的复合（年龄、健康程度、经济状况、文化水平）、产权的复合（销售与出租）、养老居住功能的复合（自理、介助、介护）、产业链各要素的复合（居住设施与配套设施）、软件与硬件的复合（服务管理与规划设计）等；集约类，包括设施功能种类及配置比例的优化、老年人资源的充分利用、服务资源（包括设施与服务管理人员）的充分利用、住区空间结构的优化等。

于是我们可以以“复合”与“集约”这两个特征词来命名这一类型的老年住区，最终提出“复合集约型”老年住区的概念。

所谓“复合”，是指住区各构成要素的状态和关系，是内容构成层面的特征，属于外在的；而所谓“集约”，是指住区各构成要素的利用与配置，是配比利用层面的特征，属于内在的。所以，“复合集约型”老年住区的概念就是指在住区各要素的内容构成上复合、配比利用上集约的一种适合于我国发展的新型老年住区。

从诸多国内外老年住区的类型及实例中，我们发现，对我国最有借鉴意义的是美国和日本的三类老年住区模式，而我国当前的一些做法大部分也来自这两个国家（尤其是美国）。在总体程度上，“复合集约型”老年住区中的“复合”就是将美国模式与日本模式复合在一起，而“集约”的部分是对这种美日复合后的模式进行进一步优化。所以，实际上“复合集约型”老年住区可以简单表述为：“（美国模式+日本模式）×集约化利用”，其中美国模式的精华主要在于市场运作与持续照护上，日本模式的精华在于小尺度的混合居住与“二代居”、“网络式家庭”上。

1.3 研究的目的、意义与方法

1.3.1 研究的目的与意义

1.3.1.1 研究的目的

在人口老龄化、社区养老模式、房地产拐点的大背景下，老年住区可能是当前能够较好解决老年人居住及照护问题的有效措施。实际上在2000年左右，我国一些发达城市如北京、上海等，对老年住区的实践就已逐渐开始，参照西方国家的做法，综合了多种类型的老年住宅、配套服务设施完善的大型“老年住区”相继建成。然而对这些“老年住区”的实践在我国还处于初步发展阶段，策划开发、管理运作等机制还比较混乱，相关的规划设计理论研究也不是很成熟，以往的做法往往套用国外开发模式，没有充分考虑我国的文化与实际国情，所以实践中也暴露了较多问题，国家建设的老年住区往往没有生命力，而私人兴建的价格又过于昂贵，并且在规划与设计层面也难以体现对老年人的关怀。

因此本书的研究目的就在于：通过对老龄化现状及发展趋势、老年人特征及需求以及国内外老年住区的理论与实践等进行深入探讨，利用城市规划、建筑学、管理学、策划学、社会学、护理学等多学科的相关理论与知识进行综合研究，试图构建一个适于我国当前发展的、可操作的、具有生命力的老年住区——“复合集约型”老年住区，并利用我们所学专业对这种老年住区的规划与设计做深入研究，为更好地解决我国（城市）老年人的居住及照护问题、发展老年住区这种“社区养老模式”献计献策。

1.3.1.2 研究的意义

对我国“复合集约型”老年住区的建构与设计研究，具有理论和现实意义。

①理论上“复合集约型”老年住区的研究成果可以作为我国当前社区养老相关理论之一，为改善我国老年人养老的居住与照护尽绵薄之力；其还是对适应我国文化与国情、适应市场开发的社区养老模式的一次探讨，并可能给后续相关研究起到抛砖引玉之作用。

②实践上其成果可为进行老年住区建设的规划设计人员提供参考与帮助；同时也对有意投资我国老年住区的开发商以及相关政府决策、管理部门有一定的参考价值。

③此外，“复合集约型”老年住区作为一种资源平台，还有助于相关养老产业链的搭建，这一产业链的形成，一方面可以为老年人提供全方位的服务管理，另一方面其对于开拓市场将发挥积极作用。

“复合集约型”老年住区，对其进行可持续地有计划地开发建设，既是一项潜力巨大、前景光明的“朝阳产业”，更是一项伟大的公益事业、一项未雨绸缪的规划储备工作；不仅是为今天的老年人，更是为漫长的“老年世纪”里所有的老年人。

1.3.2 研究的基本方法

对于“复合集约型”老年住区的研究，本书主要采用以下几个基本方法：

（1）跨学科综合系统分析法

由于“复合集约型”老年住区的建构与设计研究涉及诸多学科的知识，本书依托城市规划、建筑学、管理学、策划学、社会学、护理学等学科的理论以及研究成果和方法，多角度、多层次地对“复合集约型”老年住区进行系统综合的研究。

（2）文献检索与调研调查法

根据所确定的研究方向与对象，利用图书馆、互联网等设施检索大量文献资料，包括国内外相关研究的各类书籍、期刊、杂志以及相关的优秀硕、博士论文等，学习国内外老年社区建设的案例，获取相关的理论成果及相关数据资料；同时，我们还亲自实地调研了上海、北京、大连、杭州、哈尔滨、沈阳、南京等地的已建成老年住区及相关养老服务设施，与当地的管理人员、服务人员和使用者进行访谈，还积极参加相关学术会议，获取第一手资料；此外，本书还通过问卷的方式对沈阳及周边地区的老年人进行调查，共发放调查问卷200份，有效收回153份，形成原真性的基础资料。调查问卷采用访谈的方式，并考虑到调查问卷地域的限制，我们还查阅了相关地区的类似调查作为比较，以保证调查结果的有效性与可信度。

（3）比较分析法

对文献检索与调研调查所得到的基础资料进行比较分析，在调研数据处理上采用统计分析，并结合理论研究进行定性与定量分析。

（4）图示语言与案例模拟法

建筑设计很重要的一个方面就是要用建筑的图示语言去直观的表达某一概念，因此本书也注意运用图示的语言去表达“复合集约型”老年住区的居住模式；并结合沈阳的某一实际地块进行概念模拟，使“复合集约型”老年住区的概念在操作性上更具说服力。

（5）模糊数学分析法

对于“复合集约型”老年住区的研究，涉及诸如建筑规划设计、服务管理、地产开发等诸多领域的诸多问题，往往一个研究问题的影响因素有很多，这就使得研究的思维不能是线性的，而是非线性的，所以本书在某些问题上，比如“复合集约型”老年住区的规模，采用了社会学中常用的模糊数学思想，对待研问题进行外延假定，建立模糊函数关系，再逐一求解，以使复杂问题简单化。

1.4 研究的内容与创新点

1.4.1 研究的内容及框架

1.4.1.1 研究内容简述

本书以“复合集约型”老年住区的建构与设计为对象进行研究，共分以下五个章节来论述。

第1章是绪论部分。本章简要概述了本书的研究背景，并对国内外的相关研究理论与实践进行综述，在此基础上提出“复合集约型”老年住区的概念构想。

第2章是准备部分。本章对“复合集约型”老年住区的特征、可行性与居住主体老年人进行分析，为后续建构与设计提供保障与依据。

第3章是建构部分。本章在前两章基础上，从建筑策划的角度，在用地属性、区位选址、客群定位、规模控制、服务管理模式和运营模式六大方面来建构“复合集约型”老年住区这一产品模型，相当于为后续规划设计编制一个“任务书”。

第4章是设计部分。本章依据依照上一章的“任务书”，运用建筑、规划、景观等学科领域的方法与手段，设计“复合集约型”老年住区的居住生活模型，并给出相关指标，最后结合实际地块做一个模拟的示范项目，对“复合集约型”老年住区这一居住生活模型进行具体化表达与验证。

第5章是结语部分。本章在前4章的基础上进一步讨论“复合集约型”老年住区这种产品模型、居住模式的复制延展问题；同时，以老年住区作为出发点，在更为宏观的层面对我国未来养老居住与照护问题做一展望。

1.4.1.2　研究框架（图1.10）

1.4.2　研究的创新点

本书研究的创新点总的来说主要在于提出一个“利于市场开发”、“利于中国老人居住”、“让更多老人受益”的新型老年住区——“复合集约型”老年住区，并将其作为一个养老产业（而非单纯的养老地产）项目对前期策划与后期设计进行一体化研究。具体创新之处包括以下几点：

①研究适应市场开发的老年住区。这点包括两层含义：其一，我们认为老年住区要走市场开发之路，这样才有生命力；其二，适应市场，就要帮助开发商思考开发项目的诸多方面。

②建立面向中上收入者的老年住区，这是对既有高档老年住区向中档的转化，有利于以后老年住区的普及型拓展。

③将服务、管理等软件方面的设计，具体通过规划、建筑、景观的专业语言进行硬件上的表达。

④结合实际地块，给出一个模拟示范项目。

对于以上创新点的创新原因在本章前两节中已有论述，而对于“复合集约型”老年住区的可行性论证在第2章第2节也将有详细论述，故这两方面内容在此不再赘述。

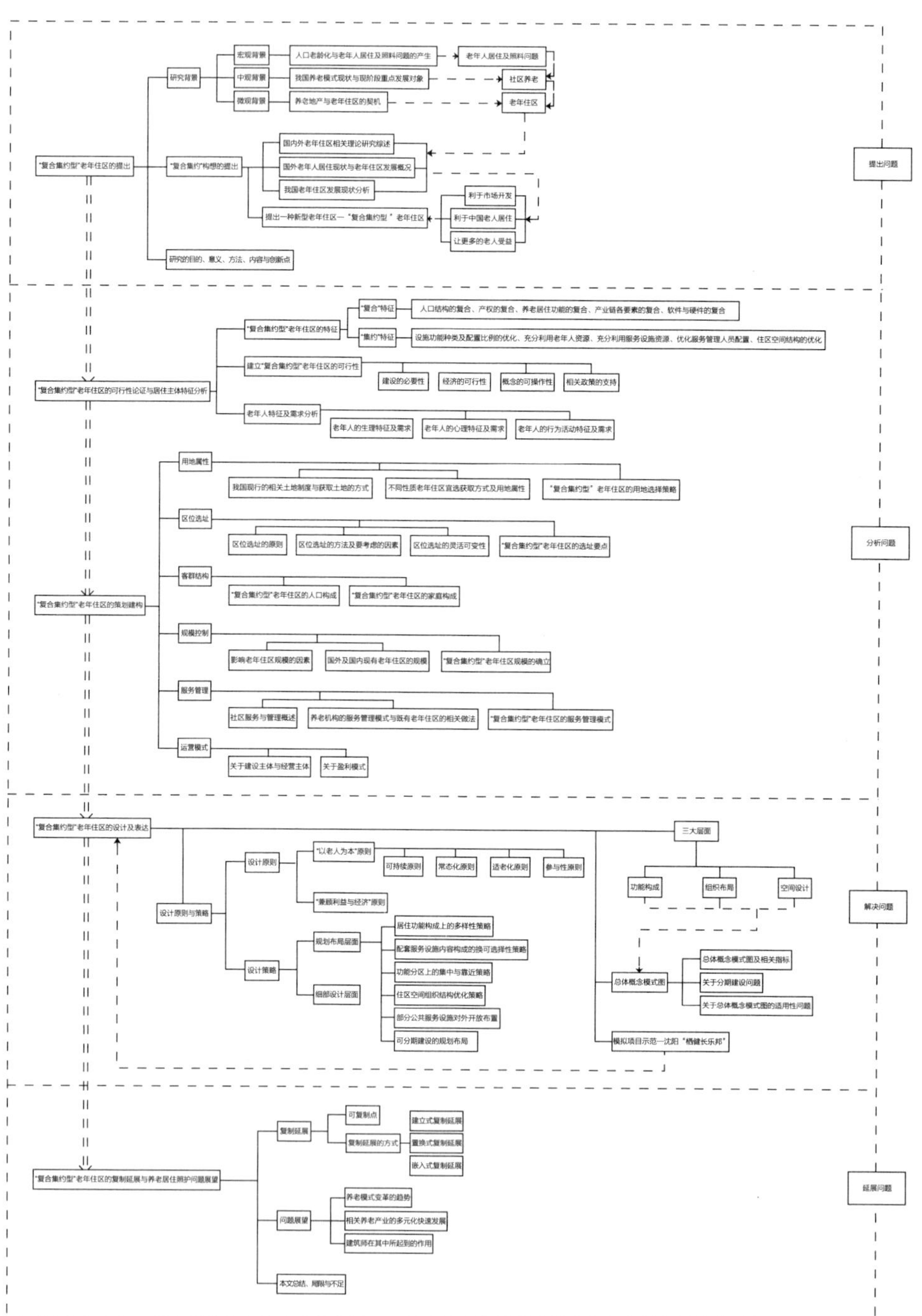

图1.10 文章框架结构

Fig. 1.10 Article frame structure

第2章

“复合集约型”老年住区的可行性论证与居住主体特征分析

在研究建构“复合集约型”老年住区产品模型之前，我们要搞清楚它的特征，明确研究方向；同时我们也要分析“复合集约型”老年住区在我国建立的现实可行性，为产品的建构提供保障；最后，本章将在总结归纳现有相关资料基础上，对老年人的生理、心理、行为等方面的特征及需求做系统论述，为后续操作提供必要依据。

2.1 “复合集约型”老年住区的特征

正如第1章中提到的“复合集约型”老年住区概念：在住区各要素的内容构成上复合、配比利用上集约的一种适合于我国发展的新型老年住区，所以其主要特征就为“复合”与“集约”，具体表现如下：

2.1.1 复合特征

（1）人口结构的复合

“复合集约型”老年住区不同于我国当前市场开发的既有老年住区，其客群是多样的，即居住在这一住区的居民是多样的，有身体健康的老人、有需要照护的老人、有年轻人、有中年人、甚至还有儿童，此外他们的受教育程度、贫富程度也都不相同，从整个住区来看表现为一种人口结构的常态化。

（2）产权的复合

在“复合集约型”老年住区里，“房子”的产权是多样的，有可以用来购买的住宅，也有可以用来租赁的公寓，并且租赁的方式也是多样的，可以是会员式长期的，也可以是非会员式短期的，甚至还可以是度假用的等。

（3）养老居住功能的复合

在养老居住功能上，“复合集约型”老年住区包括居家养老功能和机构养老功能，但二者彼此之间的界限比较模糊，不同于一般老年住区功能分区非常明确的做法。

（4）产业链各要素的复合

在“复合集约型”老年住区这一产品的建构过程中需要相关产业链各要素的相互配合，开始由房地产开发商组织建设，再由养老服务供应商提供多种多样的为老服务，与此同时还需要相关物业公司等的配合，这绝不仅仅是开发商一个人的事情，而是多方资源的无缝搭接。

（5）软件与硬件的复合

如果把规划设计层面称为硬件层面，把服务管理层面称为软件层面，那么“复合集约型”老年住区在软硬件的融合方面是有所考虑的，不同于既有老年住区服务管理与规划设计相脱节的情况。

2.1.2 集约特征

（1）设施功能种类及配置比例的优化

虽然老年人的配套设施种类很多，但其被需要的程度是有所不同的，有的设施是必需的，而有的设施则可要可不要，并且它们所占的指标（配置比例）也是不同的，有的要占的多些，其余则可少些，“复合集约型”老年住区就是要将这些配套设施的功能种类及配置比例进行优化，分为“必要、应要、宜要、不应要”四类，根据实际情况选取。

（2）老年人资源的充分利用

在“复合集约型”老年住区内，老年人不仅仅是居住者、被服务者，他们还是管理者、服务者，这样可以发挥老年人的自身价值，有助于其身心健康的发展，同时也充分利用这些老年资源，做到双赢。

（3）服务设施资源的充分利用

“复合集约型”老年住区通过自身功能组织结构的设计，将部分服务设施分级分散到居住组团中或对外开放，以提高这些设施资源的利用率。

（4）服务管理人员配置的优化

护理相关行业标准虽然对被护理老人与服务管理人员的配置比例做了有关规定，但是我们发现通过合理的分区组合设计可以优化服务管理人员配置，在工作量相当的情况下，用较少的服务管理人员作用更多的老年居住者，这是“复合集约型”老年住区的又一特征。

（5）住区空间结构的优化

在住区的空间结构设计层面，“复合集约型”老年住区有其自身特点，主要表现为圈层式多领域空间结构，这与传统住区采用的“居住小区—居住组团—住宅”的空间结构是有所不同的，在此基础上“复合集约型”老年住区更加注意各层次空间领域的明确化。

实际上，在当前我国老年人养老居住模式的选择上，采用“老年住区”这种模型，本身就是一种集约的表现。

2.2 建立“复合集约型”老年住区的可行性

如果说“复合集约型”老年住区这一构想的提出相当于项目建设的第一个阶段——项目建议阶段的话，那么下一阶段就要对其进行可行性研究。

可行性研究是确定建设项目前具有决定性意义的工作，为投资决策提供科学依据，其是一种对项目建设的必要性、经济的合理性、财务的盈利性、技术的先进性及适应性等方面进行综合论证的工作方法。研究结果一般要求对项目回答六个问题（5W+1H），即：要做什么（what）、为什么做（why）、何时进行（when）、谁来承担（who）、建在何处（where）以及如何进行（how）。

在这里，对“复合集约型”老年住区这一概念产品建立的可行性研究目前可能还不能面面俱到，现仅主要论及以下四个方面内容：

2.2.1 建设的必要性（现实需求）

（1）社会需求

通过第1章的相关论述得知，中国已进入快速老龄化阶段，产生较为严重的老年人居住问题与照护问题。在我国，老年人的养老模式仍然以居家养老为主，但是现有的住宅很多都缺乏适老化设计和必要的为老服务设施，给老年人的生活带来种种不便；而机构养老又存在诸多问题，不利于老年人的健康生活，并且机构养老也不是中国老人内心的真正需求。所以我国积极鼓励“社区养老”，国务院在颁布的《中国老龄事业发展“十二五”规划》（2011年9月）和《社会养老服务体系建设规划（2011～2015年）》（2011年12月）中指出“建立‘以居家为基础、社区为依托、机构为支撑’的养老服务体系”，这种养老资源社会化的需求将越来越强烈。“复合集约型”老年住区就是一种将养老资源社会化的新型养老模式，其将居家养老与现有机构养老的优势结合起来，在住区各要素的内容构成上复合、配比利用上集约，不但可以使得老年人得到具有针对性的社区照护服务，而且还可以避免老年人产生孤独和被遗弃的感觉。

（2）市场需求

伴随老龄化的不断加剧与我国经济水平的不断提高，近年来，老年人逐渐成为一个消费需求越来越高的购物群体，很多投资者将“养老产业”视为朝阳产业，而“复合集约型”老年住区作为我国新兴“养老产业”发展的一种类型，加之老年人居住问题与照护问题的日益严重，将具有巨大的市场潜力。

此外，2011年下半年房地产出现拐点使得开发商普遍认识到，传统开发楼盘的方式已经过时，并不能有效地刺激消费，必须进行转型，摆在眼前的转型之路有两条——专业化、特色化地产转型与品质化、精细化地产转型。老年地产便是专业化、特色化地产转型的重要内容之一。在当前这种地产转型期间，开发专业化、特色化的养老地产对地产商无疑是一种契机，我们曾于2012年5月在上海参加了《养老产业高峰论坛2012》与《第二届中国国际老年住区发展大会》，与会人员众多，大多来自企业，说明社会各方力量都看到了这一商机，老年住区、老年住宅、老年公寓、老年护理院等产品市场需求巨大。

（3）老年人需求

在生理层面，随着老年人年龄的增长，身体机能会逐渐老化，由自理老人变为介助老人、介护老人，这就要求为老年人提供全周期的持续照护，所以需要老年住区具有持续照护的功能。虽然谨慎的医疗服务对高龄老人和体弱多病的老人是非常必要的，但对大多数身体较健康的老年人来说，他们需要的仅仅是照护服务而不是医疗服务，并且过度依赖医疗模式有其弊端，会造成典型的社会性住院现象。而可持续的社区照护可以帮助他们实现医疗功能与照护功能的有效互补。

在心理层面，老年人容易产生孤独感，如果老年住区内全是老年人，会使住区产生沉闷之感，不利于老年人的心理健康，所以需要在老年住区中引入年轻人口。“复合集约型”老年住区，一方面，在住区内设置相当规模的老年住宅或公寓，并采用相对集中的方式布局，使老年人形成“老年亚文化群”，有助于老年群体间的相互交往，形成较为稳定的邻里关系，同时在老年基本生活区域内适当引入年轻户型，起到活跃气氛、注入活力的作用；另一方面，在住区（上一层级）内设置一定数量的普通住宅或公寓，其含有多层次的年龄结构，从而形成一种趋向常态化的开放性住区，这有利于老人在扩大生活区域内与其他年龄群体交往，尤其是儿童可以与老人在心理特征上形成互补，从而保持老年人积极乐观的生活态度。

此外，中国老人有很强的家庭观念与怀旧情结，绝大多数老年人喜欢选择在自己熟悉的居住环境中养老，有一种“原居安老”的需求。即人们长期居住在一个地方，就会对这个地方产生一种感情，这就是老年人所需要的归属感与稳定感，“复合集约型”老年住区由于其持续照护的功能与“二代居”、“网络式家庭”的设置，是可以实现老年人“原居安老”需求的。

2.2.2 经济的可行性

老年住区的建设不同于普通住区，其内部要配置相对较多的公共服务设施，这就使得新建一个这样的住区，其建设成本会大大提高，那么客群定位在中低端可能性就很低，往往将客群定位为高端，但是通过将住区各要素在内容构成上复合、配比利用上集约的做法可以降低一定的建设成本与运营成本，可以扩大客群，走中高端甚至中端路线，拓宽购买市场。

从大的背景来看，我国的国民经济在迅猛发展，这为“复合集约型”老年住区的建立提供了宏观保障。早先进入老龄化社会的一些发达国家，当时人均国民生产总值一般都在5000～10000美元以上，这为解决人口老龄化带来的问题奠定了经济基础，而我国2011年人均国内生产总值（人均GDP）已达到5449.71美元，部分地区比如北京、上海、辽宁等已经超过5000美元，如表2.1所示，我们认为这些地区已经有具备建设老年住区的能力。

表2.1 我国2011年各省市人均国内生产总值统计

Table 2.1 Domestic of Chinese provinces and cities per capita gross product (GDP) in 2011

省市	人均GDP（美元）	省市	人均GDP（美元）	省市	人均GDP（美元）	省市	人均GDP（美元）
全国	5449.71	辽宁	7795	宁夏	5062	江西	4226
天津	13392	福建	7344	黑龙江	5053	四川	4048
上海	12784	山东	7273	山西	4769	广西	3945
北京	12447	吉林	5863	新疆	4685	安徽	3932
江苏	9448	重庆	5373	湖南	4628	西藏	3120
浙江	9115	湖北	5300	青海	4463	甘肃	3009
内蒙古	8773	河北	5221	河南	4446	云南	2952
广东	7819	陕西	5140	海南	4429	贵州	2495

注：数据由国家统计局网站、各地统计局网站及各省区市2011年政府工作报告综合整理

此外，作为“复合集约型”老年住区直接客群的老年人，其收入总量也在稳步增加，这将为“复合集约型”老年住区的建立提供强有力的消费支撑。北京大学《市场与人口分析》指出，每年老年人大概共可以获得来自退休金、再就业金、亲朋好友3000亿～4000亿收入，而且这一数值还在不断增加，预计到2025和2050年，随着我国经济的发展以及老年人数量的增大，这个数值（老人的潜在市场购买力）将分别达到14000亿和50000亿；并且随着收入结构的多元化，投资、保险等收益也将纳入到老年人收入构成中，不再是过去单一的退休补贴。

2.2.3 概念的可操作性

“复合集约型”老年住区这一概念构想，主要就在于“复合”与“集约”上，在本书第1章第2节中已对“复合”与“集约”这两个概念的生成做了逻辑推理，即从“利于市

场开发”、“利于中国老人居住”、“让更多老人受益”这三个基本立足点出发，分析各自的具体表现，进而分别提出相应的策略，在此基础上给出可采取的手段，最后分析整理得到“复合集约”这一概念。由于推导过程中的各环节都是可操作的，因此概念本体是具有可操作性的，具体内容不再一一赘述。

2.2.4 相关政策的支持

我国人口老龄化在不断加剧，政府逐渐开始重视中国养老产业的地位，并把其作为一个重要内容体现在“十二五”规划中。随着政府对养老产业的重视，出台了相应的扶持政策，如民政部门给予的基建补贴与运营补贴，虽然各地政策不是很统一，但大部分老龄化较严重的城市都已经出台了类似的补贴政策，这在一定程度上为“复合集约型”老年住区的建立提供了政策支持。

通过对上述四个方面的分析论述可以看到，在我国建立“复合集约型”老年住区是非常必要，也是非常可行的。

2.3 居住主体——老年人特征及需求分析

面对老年人年龄的增长、社会角色及家庭结构的改变，他们的生理、心理以及行为会发生较大变化，有其鲜明特征，尤其是中国老人，家庭观念很重，受到中国传统伦理道德的影响和制约，在心理、行为上又有其自身特点。作为居住主体的他们势必会对老年住区的规划设计产生巨大影响，所以如下在总结归纳现有相关资料基础上，对老年人的生理、心理、行为等方面的特征及需求做系统论述，以此作为下一步“复合集约型”老年住区产品建构与设计的必要依据。

2.3.1 老年人的生理特征及需求

2.3.1.1 老年人的生理特征

老年人的生理特征主要是指生理衰老的特征。而生理衰老则是指随着年龄的增长，人体各部分机能和形态会出现不同程度的退行性变化，进而对内外环境的适应能力也会随之减退，一般女性60岁以上、男性65岁以上便开始出现生理衰老现象，如图2.1所示。老年人的生理衰老特征表现方面诸多，其中与设计关系紧密的主要为感觉系统、运动系统、神经系统和泌尿系统的退化四个方面：

（1）感觉系统的退化

人体的感觉系统是人体接收外界环境信息的主要方式，主要包括视觉、听觉、嗅觉、触觉和味觉。随着年龄的增长，机能最先开始衰退的往往是听觉和视觉，其余“三觉”也会逐渐衰退，它们的衰退必定会影响老年人对周围外在信息的收取，相应地，对外部环境的适应与反应能力就会降低。

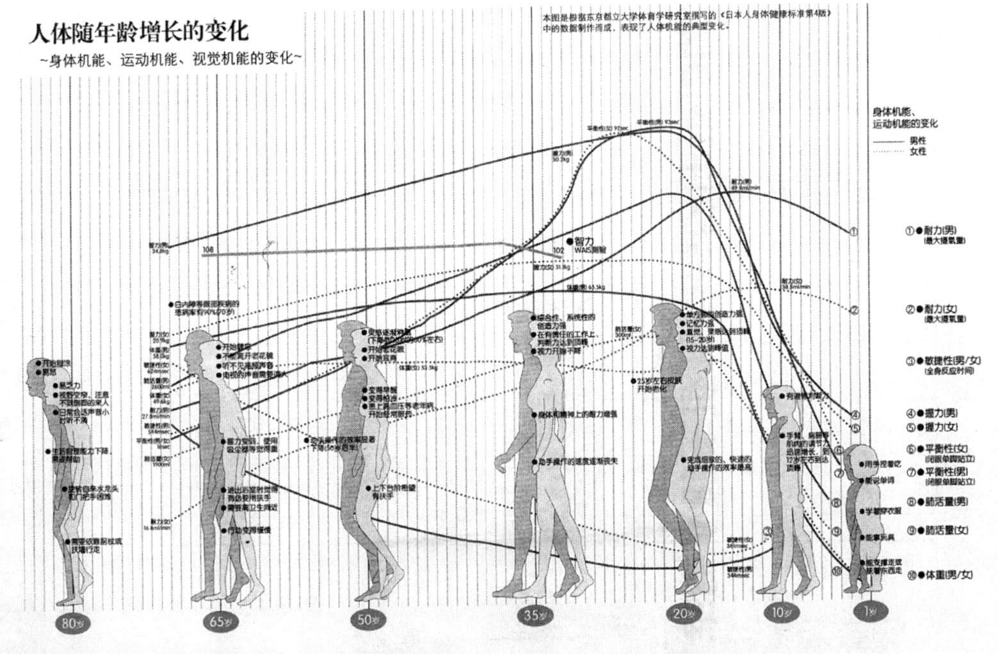

图2.1 人体生理机能随年龄变化示意

Fig. 2.1 Schematic of human physiology changes with age

图片来源：《老年住宅》（周燕珉等著）

听觉退化

图2.2为老年人听觉衰退图。听觉退化通常是人体衰老过程中第一个要面对的问题，尤其表现为男性，其衰退速度一般是女性的二倍。60岁以上的人中，约有30%都存在一定程度的听力障碍，老年人的这种听力障碍主要体现在：一是听不清或听不见，比如与人谈话时，如果距离相对较远，可能无法听清对方的谈话内容，从而降低了老年人的交流能力；二是对高频声不敏感，比如交叉路口信号灯采用的高频声，老年人往往捕捉不到，进而无法做出反应。

视觉退化

人到了老年阶段，经常会出现视觉模糊、视力下降等现象，即我们俗称的“老花眼”。同时，老年人眼部疾病的发生几率也较大，比如白内障、青光眼等等，严重的还会出现眼盲。统计显示，98%年龄在65岁以上的老年人患有老花眼，约有10%年龄在65～75岁之间和20%年龄在75岁以上的老年人患有更为严重的视力障碍。这种视觉的退化主要表现在老年人视觉敏感度下降、色彩认知障碍以及深度知觉损伤三方面。

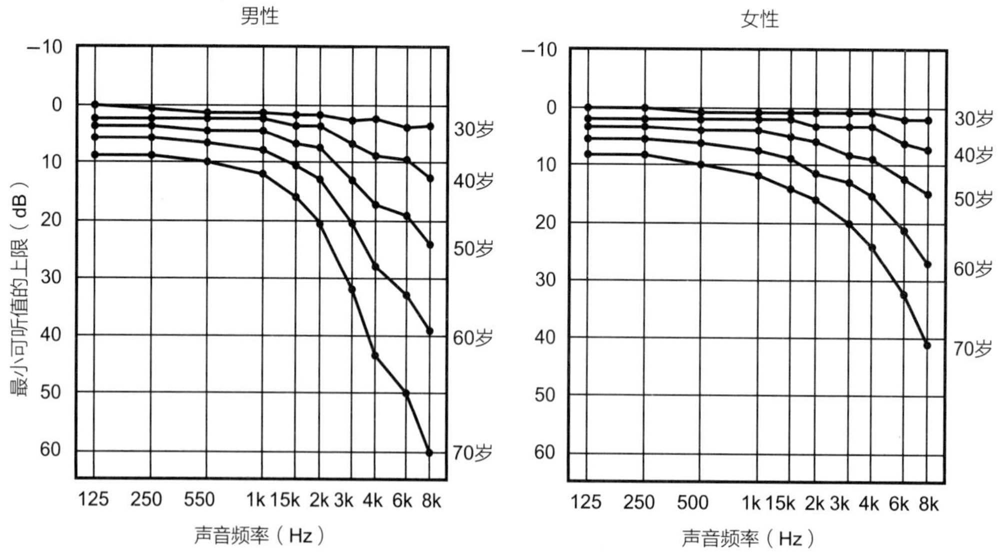

图2.2 老年人听觉衰退图

Fig. 2.2 Aged auditory recession

图片来源：《老年住宅》（周燕珉等著）

①视觉敏感度下降

视觉敏感度的下降会造成人们难以分辨前面与侧面的物体、难以区分小的物体及物体的细部，比如难以阅读报纸、看不清人脸等，他们往往需要更强的光照才能看清，资料显示，60岁的人需要比20岁的人多五倍的光照才能达到同等视力。此外，老年人在远近物体之间进行视觉变焦也很困难，并且如果他们在黑暗和强光环境中来回移动则很难聚焦，这会导致他们失去平衡，甚至迷失方向。

②色彩认知障碍

即对色彩辨别能力的降低，这是由于眼部晶状体随年龄增长而变黄所引起的，主要表现为难以分辨深色和微弱的色差。暗色调以及紫、蓝、绿的组合是最难分辨的，而红色和橙色则相反；清晰且不带任何灰色调或亚光成分的色彩是很容易分辨的，但对患有色彩认知障碍的人而言，最容易分辨的便是明确的色彩对比，比如红色的标识符号与黄色的背景。

③深度知觉损伤

患有深度知觉损伤的人会曲解鲜明的色彩反差，将地面的图案误以为是踏步或破洞，将光亮部分与阴影部分的对比看成水平高度的变化，此外，他们还认为有反光的地面是又湿又滑的，网格式铺装的广场或样式复杂的图案会令其头晕眼花，甚至跌倒。

嗅觉、触觉和味觉退化

嗅觉的退化，会导致老年人对气味的感知能力下降，这样他们就难以察觉有害气体的异味，容易引发危险；触觉的退化，则会导致老年人对温度变化和疼痛不敏感，这样如果被轻微烫伤或擦伤，老年人不易察觉，耽误治疗；味觉的退化，即无法辨别清楚所吃东西的味道，如果误食了变质的食品必定会对健康造成损害。

（2）运动系统的退化

老年人运动系统的退化主要是由于其运动神经退化、肌肉细胞萎缩与减少、骨骼老化及关节磨损等所造成的，一般表现在以下几方面：

肌肉力量与耐力下降

图2.3为人体肌肉力量随年龄的变化图。人在70多岁时的力量和耐力一般为他们20多岁时的1／2，女性往往又是男性的1／2。由于老年人肌肉的力量和耐力的下降、容易产生疲劳，他们的很多动作会受到影响，比如攀登、提物、握紧、拖拉、上举和推动等。

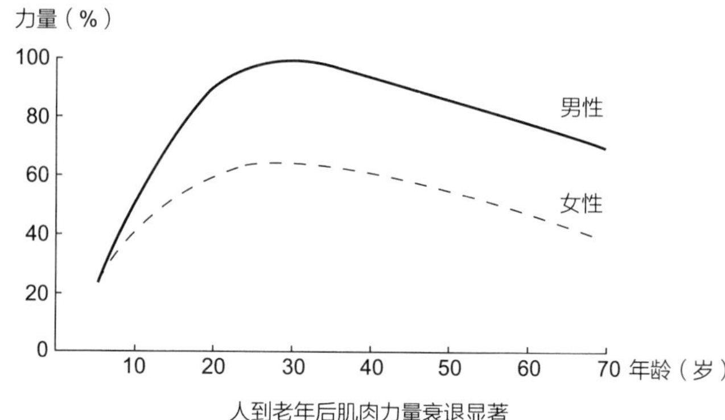

图2.3 人体肌肉力量随年龄的变化图
Fig. 2.3 Body change in muscle strength with age
图片来源：《老年住宅》（周燕珉等 著）

肢体灵活性降低，动作幅度减小

人到老年时肢体的灵活程度及控制力会有所减退（如图2.4），常出现动作迟缓、反应迟钝等现象，并且比较容易出现肩周炎、关节炎等症状。比如许多老年人走路拖拖拉拉，还时常驼背不能目视前方，行走坡路对于他们来说更是很大的障碍，体力不济的老人步行10分钟就必须需要休息等。同时他们肢体活动的幅度也有所减小，在做下蹲、弯腰、抬腿和伸展等常规动作时都会比较困难。

骨骼弹性和韧性降低

老年人由于骨密度降低，骨骼会逐渐变脆，骨骼的弹性和韧性会随之下降，再生能力也有所下降，如果他们不慎摔倒，极易发生骨折且不易恢复，甚至导致行动能力丧

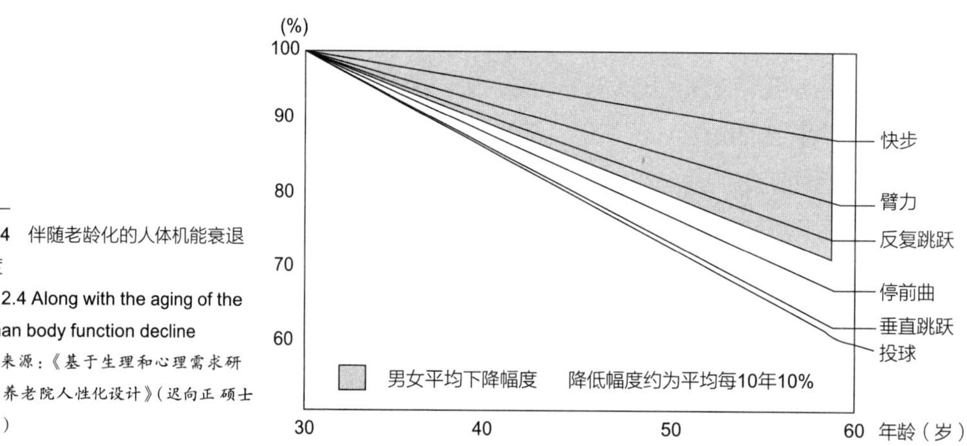

图2.4 伴随老龄化的人体机能衰退幅度
Fig. 2.4 Along with the aging of the human body function decline
图片来源：《基于生理和心理需求研究的养老院人性化设计》（迟向正 硕士论文）

失，所以在对老年人外出时是否有任何困难的调查显示（见表2.2），有23%的比例是担心跌倒的。

表2.2 老年人外出困难调查

Table 2.2 Aged to go out difficulties questionnaire

老年人外出时感到的困难	比例（%）
无困难	40
步行障碍	25
担心跌倒	23
穿越马路困难	10
担心走失	2

资料来源：《包容性的城市设计》（伊丽莎白·伯顿等 著）

（3）神经系统的退化

超过50岁时，人的大脑皮层会出现进行性萎缩，大脑体积变小、重量变轻；加之脑血管逐渐发生硬化，脑供血不足，氧及营养物质利用率降低，脑功能衰退，主要受其支配的神经系统便开始退化，主要表现在以下三方面：

记忆力减退

健忘是老年人神经系统退化的突出表现，他们与年轻时相比，往往需要花更多的时间去处理、反应和记忆信息。记忆的类型有三种：语义性记忆，包括人们通过多年来的教育和经验所获得的信息，比如对人名、地点的记忆；前瞻性记忆，是指记住未来要完成任务的能力，比如对预约的记忆；程序性记忆，是指记住某些技能的能力，比如对游泳、演奏乐器的记忆。对于老年人而言，一般受到影响的是前两者，因此“记忆改变”较“记忆丧失”更能准确描述老年人的记忆力问题。

认知能力下降

由于神经系统的退化，老年人对事物反应迟钝，认知能力会有所下降，因此老年人往往倾向选择生活在自己熟悉的环境中，他们会担心迷路，对新事物不敢尝试，此外对突发事件的应变力也减弱，出现危险状况时不知所措。

出现智障症状

即我们常说的老年痴呆症，它不同于一般意义上的老年健忘症，这是一种永久且不可逆的智力损伤。这一症状对老年人的生活影响很大，他们往往难以辨识自己熟悉的环境，丧失空间判断能力，难以区分室内外空间、高差变化、颜色变化等等，但这并不意味着他们就不再具有学习新知识的能力了，而是需要定期、反复地进行记忆刺激，不过对大多数人而言，在患老年痴呆症的早期到中期阶段，他们的长期记忆仍然比较没有问题，但是短期记忆能力则欠佳。所以早期患病老人一般可以独立应对日常生活、独自外出，中期患者则需要一些辅助才能处理做饭、洗澡等日常生活事务，但是对于晚期老年痴呆症病人，其脑部大范围损伤，因此无法独立生活，需要时刻有人照顾。

（4）泌尿系统的退化

泌尿系统的退化主要反映在肾脏和膀胱功能的衰退上，随着年龄的增长，肾的重量会减轻、肾小球也会部分损失，膀胱容量减小，同时还有残余部分尿液，虽然一般情况下不至于达到尿失禁的程度，但是老年人会出现尿频、尿急、夜尿频多等症状，因此老年人使用卫生间的频率要比年轻人明显增多。

2.3.1.2 老年人的生理需求

老年人由于其自身的生理特征，势必对他们的生活环境有特殊的生理需求，主要表现在对物理环境、无障碍环境以及人体工学环境三大方面：

（1）物理环境

声环境

由于老年人易失眠、怕干扰、爱清静，加之现代城市交通量的急剧增加、家庭音响设备等的普及等，生活环境中的噪声会严重干扰其生活居住，因此在对老年住区选址以及老年居住建筑布置、构造设计时，应充分考虑隔绝噪声的要求。

光环境

光环境包括日照、采光和照明三方面，光源有自然光和人工光两种。对于老年人一方面由于其视力减退，应适当增加光强照度；另一方面也应注意避免频闪光和强光直接射入眼睛，尽量减少环境中光亮突变的发生。此外，老年人每天还应摄入充足的日照，以便带来温暖之感，可以更好地防止骨质老化、增强抵抗力。

热环境

老年人由于血液循环系统和新陈代谢功能的衰退，冬天比较怕冷而夏天又比较怕热，并且冬季还是老年人心脑血管疾病的高发期，所以在热环境方面，建筑应注意冬季取暖和日照，夏季需要有良好的自然通风，少用不利于老人健康的空调设备通风。当然，对于建筑外环境的设计也非常重要，冬季要为老年人设计能够晒太阳休息聊天场所，夏季要设有纳凉通风的林荫小道。

（2）无障碍环境

由于老年人行动不便，需要通过无障碍设计形成居住环境的无障碍，即要求公共建筑和场所应具有可达性、可用性和便利性。既要在规划层面考虑将老人居住所在地与相关的服务设施、公共建筑相接近，方便老人到达，还要在具体的设计层面让老年人能够顺利使用这些相关设施。

（3）人体工效环境

在更小的层面，现在建筑中的一些器具设备，比如卫生洁具、门把手、扶手等，是按照普通人设计配置的，但是对于老年人来说可能很多设备器具是不适用的，这是由于老年人身体形态和机能（主要是力量、耐力和灵活性）的改变所造成的，所以我们应该考虑这些细节上的功效设计。

2.3.1.3 老年人体工效学

对于上面提到的人体工效环境甚至无障碍设计，其基础便是老年人体工学。所谓人体工效学，是研究人体不同行为状态所占有空间的尺度，进而科学地确定出人的活动空间尺度与环境的科学，在“复合集约型”老年住区的设计中，应该结合老年人特有的人体工效学数据进行设计。

老年人体工效学中需要研究的很重要一个内容就是老年人体尺度模型，它是其活动空间尺度的基本设计依据。医学研究表明，在28～30岁时人体身高最高，到35～40岁后逐渐开始减小，70岁时的身高相比年轻时会降低2.5%～3%，有时女性缩减最大可达6%。根据身高的这一降低率大致可以推算出老年人身体各部位的相应尺寸变化，建立老年人体尺度模型。清华大学建筑学院相关课题组针对我国老年人的人体尺寸进行了集中测量和采样，并绘制出我国老年人体尺度模型，如图2.5所示。

此外，对于建筑细部尺度的确定，一般把老年女性的人体尺度作为设计依据，并将

图2.5 中国老年人人体尺寸测量
Fig. 2.5 Chinese elderly body size measurement
图片来源：《老年住宅》（周燕珉等 著）

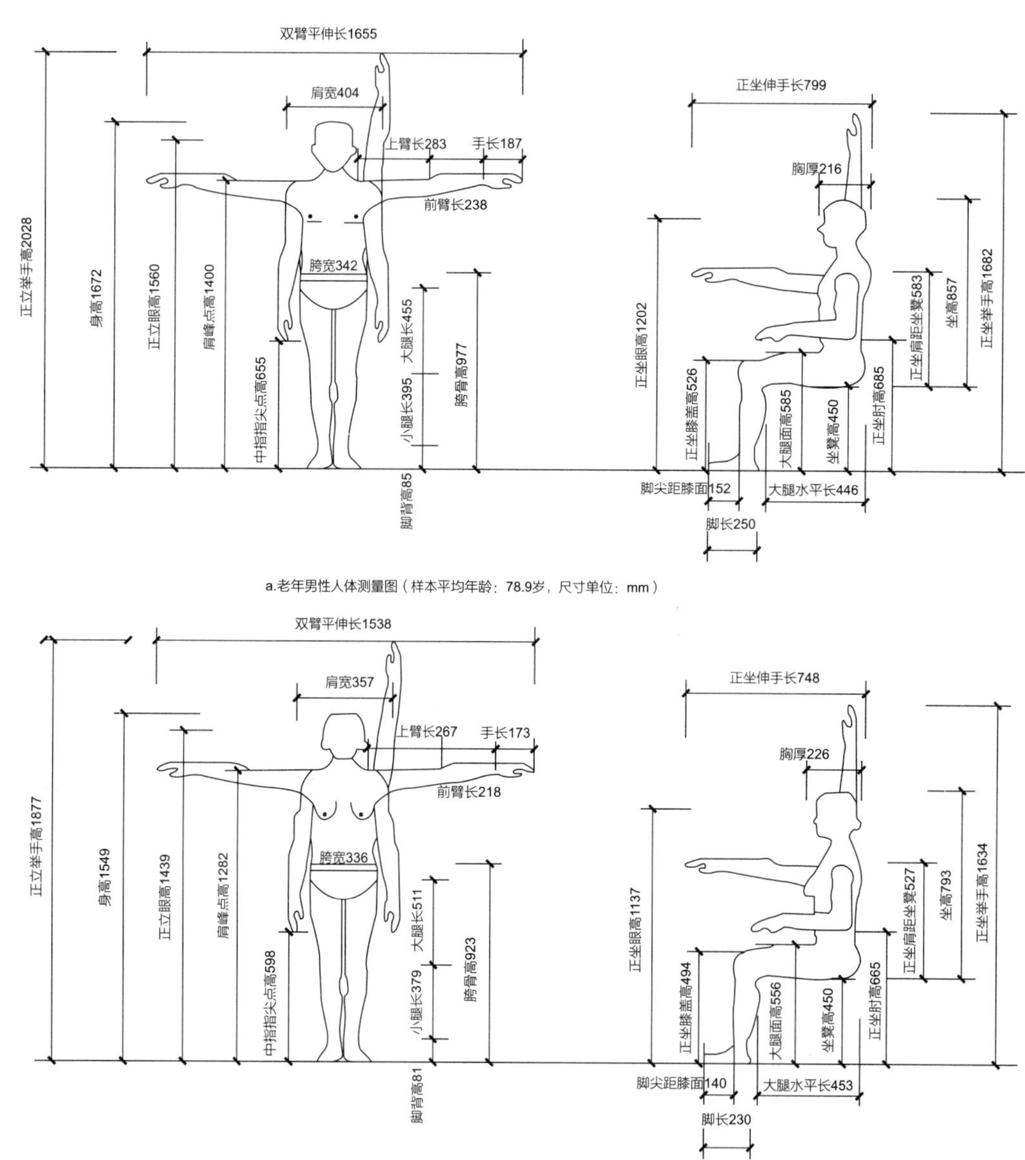

其数据分为低、中、高三等，分别作为不同部位设计尺寸的参考依据。一般操作性尺寸应采用低位数，而限制性尺寸应采用高位数。

2.3.2 老年人的心理特征及需求

2.3.2.1 老年人的心理特征

生理衰老是任何人都要遵循的自然法则，全世界老年人的生理特征基本类似，但是心理方面则不然，既有共性也有个性，这是由于受到不同的人文环境、不同的经济背景、不同的社会制度等的影响。尤其是深受儒家孝道文化影响的我国老年人，更有其自身的心理特征。

（1）心理特征产生的原因

导致我国老年人心理特征产生的原因主要有以下几点：

①生理机能的退化

老年人自身生理机能的衰退对其心理的影响是巨大的。这个比较好理解，一方面由于神经系统的退化，导致老年人精神大不如前，顽固程度增大；另一方面由于运动系统等的退化及患有疾病的几率增大，导致其适应能力降低、身体素质下降，进而产生消极心理。

②传统文化的影响

由于我国老年人受传统儒家孝道文化的影响，家庭观念在他们心中是根深蒂固的，在其内心深处是非常向往家庭团圆、子女孝顺的和谐氛围。

③家庭结构的改变

我国开放二孩政策前的计划生育政策以及经济的迅猛发展，导致以老年人为核心的传统“大家庭”正在解体，取而代之的是以夫妻为核心的“小家庭”，形成“421”家庭结构。加之儿女工作的繁忙，和老人交流的机会越来越少，对老人的照顾更是心有余而力不足。这种家庭结构的改变，势必会造成老年人心理上的变化，加重其孤独感与挫折感。

④社会角色的转变

老年人退休后，离开了他们长期以来的工作岗位和社会生活，从职业角色转变为闲暇角色，退休前后这种社会角色地转变势必会给老年人的心理带来不同程度的影响。图2.6为老年人从工作中退休后的生活模式变化图。

⑤经济地位的变化

老年人在退休前，自身具有较为稳定的经济收入和职位，这使得他们在社会上被认

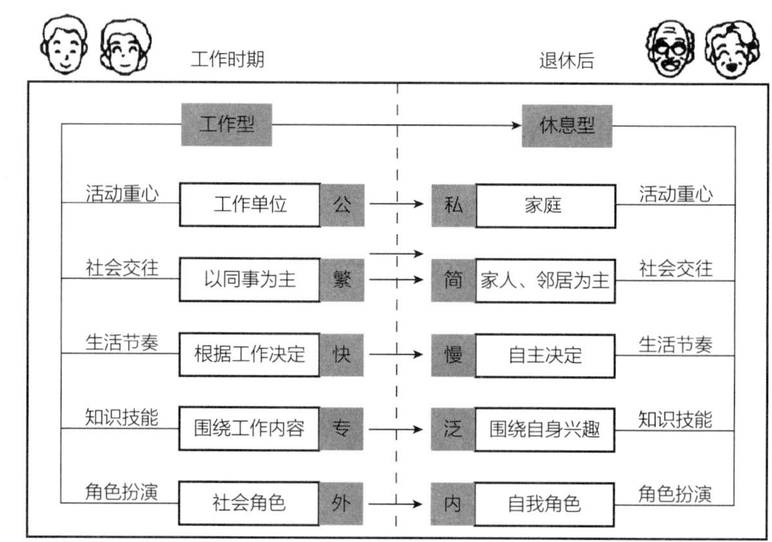

图2.6 老年人从工作状态转为退休状态的生活模式变化
Fig. 2.6 Lifestyle change of aged from working to retirement
图片来源:《老年住宅》(周燕珉等 著)

可、被尊重，能够给自身带来荣誉感和成就感，在家庭中又有一家之主的权威感。但是退休以后，老年人的经济收入减少，原有的职位不复存在，会使得他们内心产生不被认可、不被尊重的感觉，相应的荣誉感与成就感随之丧失，这自然会对其心理产生一定的影响。

（2）具体表现的心理特征

基于上述分析，老年人具体表现出的心理特征如下：

①悲观

老年人往往都比较悲观，常常会杞人忧天，担心自己生病、担心子女的工作、担心突发情况无人救助等等。

②孤独与空虚

老年人行动不便，与亲朋来往的次数减少，而子女又时常不在身边，此外，由于一般老年人的人际关系结构较稳定，往往又不易结交新朋友，从而产生自我封闭的心理，使得老年人常常感到孤独、空虚。

③失落与自卑

老年人退休后，没有了工作的忙碌与经济的收入，精神上无所寄托，自己的社会地位、经济收入、身体状况等今不如昔，会认为自己无用武之地，从而感到自卑与失落。尤其是曾经社会地位比较高的老年人一旦退休，失去原有的人际关系与活动场所，其失落感比普通老人要强烈得多。

④怀旧与眷恋

一般老年人都有很重的怀旧情结，他们普遍喜欢留恋过去，一方面过去代表着经验，是老人的一种资本；另一方面旧的事物常能唤起老人美好而温暖的记忆。此外，由于老年人智力水平的下降，很难适应新的事物，所以他们常常怀念往事且抵触新事物。

⑤自尊与固执

老年人心里非常希望得到别人的认可与尊重，希望自己仍有施展之地，还可以继续实现自我价值，很怕被人瞧不起，因此他们有较强的自尊心，这种自尊心有时甚至达到了固执的程度，常表现为很不理智地坚持自己的某一观点。

⑥依赖与从众

由于老年人身体的衰老、社会地位的改变等等，使得他们比较依赖自己的子女或他人，这种依赖主要表现为经济依赖、生理依赖和情感依赖三个方面。有时依赖过多，甚至会达到从众的程度。

⑦抑郁

当一个人处于长时间的自卑与悲观而无法自拔时，将会导致抑郁，而老年人的这种抑郁主要表现为伤感、不愉快、焦虑不安等，并且有相当数量的老年人会由于心情抑郁而导致失眠。

⑧唠叨

由于自身生理衰老的原因，精力、体力不够充沛，许多事情老年人自己不能身体力行，或无法再达到从前那样的水准，因此他们只好通过不断输出语言来缓解自己的情绪，达到心理上的平衡。此外唠叨还可以为自己的生活增添热闹的气氛，以缓解空虚与寂寞。

2.3.2.2 老年人的心理需求

基于对老年人心理特征的分析，我们归纳总结老年人的心理需求如下：

（1）安全感需求

据调查及相关资料显示，安全是老年人的首要需求。由于其年龄的增大、身体机能的衰退，对环境中的不安全因素很敏感，会使他们感到不安，比如住区环境开敞陌生、人员混杂、交通混乱等。

（2）家庭感需求

我国老年人非常重视家庭观念，他们渴望来自亲人的关爱，其乐融融的家庭生活、天伦之乐的温暖正是他们所需要的。

（3）交往需求

增加社会、邻里间彼此的交往是减少老年人孤独与寂寞的重要方式，除了家庭成员之间的交流以外，老年人还需要同朋友、邻居、同事甚至素不相识的陌生人交往、聊天。与社会背景及生活阅历相近的同龄人交往可以满足老年人的怀旧心理；与天真可爱的小孩儿交流可以激发老年人对生活的热爱；而邻里之间的相互走动帮助，不仅验证了“远亲不如近邻”的俗语，更使老年人保持着社会责任感。

（4）娱乐休闲需求

老年人退休以后，闲赋在家，很多老年人拾起年轻时的兴趣爱好；此外还有一些老年人通过娱乐活动来填补时间，消除孤独感与寂寞感。因此一般老年人都有较强的娱乐休闲需求，比如打乒乓球、上老年大学、书法绘画、唱戏剧、下象棋、做健身操等等。

（5）安定感需求

老年人的这一需求主要表现在对其久居环境产生依恋，即我们多次提到的原居安老。熟悉的脸孔、房屋、街道和树木等都会给老年人带来安定感，因此很多老人即使自己居住的条件很不好但也不愿迁移。

（6）舒适感需求

老年人都期望居住在宜人的环境里。“舒适”一词最早是由英国人提出，后来日本人总结了评价环境舒适的八大要素，即空气清新无污染、安静无噪声、绿化丰富多彩、亲近水体、街景美丽而整洁、具有历史文化古迹、适于人们散步、有游乐设施，其中老年人对安静、空气、绿化三方面最为关心。

（7）领域感需求

领域感需求在这里主要指私密性方面，某一场所如果具有较强的领域感，那么老年人会感到这里比较安全、安静、少干扰，有较好的私密性，他们往往喜欢在这样的地方进行聊天、休息、娱乐。

（8）归属感需要

老年人的这种归属感需求主要表现为希望自己属于某个社会群体或组织并能参与组

织其中的活动，希望自己被他人尊重和认可。相关资料表明，退休、丧失自理能力等都会使老年人的归属感降低，因此要为老年人提供适当的再就业机会、提供能够让他们组织参与活动的场所，使其增强或重新获得归属感。

（9）成就感需要

老年人希望自己仍然能够为社会、为他人服务，发挥他们的余热，在证明自己还有用的同时，真正实现其自身的价值，这是最高级的需要。

2.3.3 老年人的行为活动特征及需求

2.3.3.1 老年人的行为活动特征

老年人生理、心理的变化最终会反映在其活动行为的变化上，对于其活动行为特征的研究，主要从老年人行为活动的种类、范围和具体特征三个方面进行分析论述。

（1）老年人行为活动的种类

按性质分类

按老年人活动的性质，大致可将其活动分为三类：必要性活动、自发性活动和社会性活动。

①必要性活动

是指那些生活中多少会发生、不由自主的活动，比如购物、邮寄、等人、就医、候车等。这类活动大部分自理和半自理老人在任何条件下都要参与，它们的发生较少受到物质环境的影响。

②自发性活动

是指在老年人有参与意愿，且时间、地点可能的情况下才会发生的活动，比如散步、观赏有趣的事、呼吸新鲜空气、打太极拳、唱戏、玩牌和晒太阳等。这类活动受物质环境的影响较大，只有在室外气候适宜、场所具有吸引力等时才会发生。

③社会性活动

是指老人需要依赖他人参与才可发生的活动，比如互相打招呼、交谈聊天、集体出游等。这类活动还可称为连锁性活动，因为在大多数情况下其都是由上面两类活动发展而来的。

按内容分类

按老年人活动的内容，大致可将其活动分为四类：健康养生活动、休闲娱乐活动、居家生活活动和社会工作活动。

①健康养生活动，比如散步、晒太阳、打太极拳、练剑等。

②休闲娱乐活动，比如看书、下象棋、跳舞、唱戏、打麻将等。

③居家生活活动，比如买菜、做家务、邮寄、理发等。

④社会工作活动，比如居委会工作、参与老年艺术团的管理、继续从事社会工作等。

（2）老年人行为活动的范围

对于老年人活动范围的描述，可以用“老年人出行活动分布圈”这一概念进行表达。所谓“老年人出行活动分布圈”，是指在老年人外出活动中，由其出行时间、活动半径与频率所组成的不同层次的空间分布领域，它又可细分为邻家活动圈、基本生活活动圈、扩大邻里活动圈和市域活动圈四个层次。

邻家活动圈

是老年人日常生活活动的最小范围，一般在老年人自家附近，活动半径很小，一般小于150m，出行活动时间小于3分钟，需要注意的是，在邻家活动圈内生活活动的对象主要是半自理介助老人以及不想出行很远的部分自理健康老人，大部分老人的活动范围都比这个要大。

基本生活活动圈

这是老年人平常使用频率最高、停留时间最长的场所，一般在老年人自家及周围领域，包括上面提到的邻家活动圈，交往对象主要是家庭成员和邻居，活动半径较小，约在180～220m，符合老年人3～5分钟的出行距离。在这里，老年人容易产生安全感、信赖感和亲切感，其出行频率较大，逗留时间也较短，5～10分钟居多，一般不超过40分钟。

以上两个可统称为宅域活动圈。

扩大邻里活动圈

又称为区域活动圈，它是基本生活活动圈的进一步扩大，是老年人长期生活与熟悉的地方，其活动范围以居住小区为出行规模，活动半径一般不大于450m，符合老年人10分钟左右的步行疲劳极限距离。在这一范围，老年人活动交往的场所较为集中，并多以露天活动为主要形式。

市域活动圈

其活动范围以市区为出行规模，活动半径较大，出行时间较长，一般为30～45分钟，出行频率也远低于前三种，并且出行方式也不像前三种那样以步行为主，而多采用乘车或骑车的方式。

（3）老年人行为活动的特征

规律性

老年人的日常行为活动，表现出较强的规律性，其活动计划都相对固定，比如每天上午买菜、下午去老年大学、晚餐后到公园散步，每周三去棋牌室打麻将，每月初一、十五去念佛堂礼佛等等。

私密性

人老后会表现出较强的心理防卫和自我型活动，老年人比年轻人更需要一个不受外界干扰、具有一定私密性的空间领域，他们大多喜欢独处，但这种独处非与世隔绝，而是在公共场所中的独处，这个私密性空间也并非是一个实体封闭空间，更多的应是一个特征性封闭空间，比如地面铺装的变化。

聚集性

是指老年人在彼此交往和参与活动时往往聚集在一起，且相关调查表明，聚集人数以2～5人为多。老年人行为活动的这种聚集性，是由于老年个体常常具有相似的视听衰退状况、认知能力、思维方式和行为活动，易于产生共同语言，并且这种集中式的聚集活动有助于气氛的活跃和老年人愉悦之情的产生。此外这种聚集性还表现为一种类聚性，即老年人的行为活动往往表现出依兴趣分类聚集。

时域性

时域性特征就是指在不同时间区域内，比如冬季与夏季、平日与节假日、上午与下午等，老年人的行为活动也不尽相同。相关资料表明，我国老年人日常出行时间多在清晨6～7时、上午9～10时和下午14～17时，且以下午出行为最多。

地域性

同样，地域性特征就是指在不同地理区域内，比如南方与北方、沿海与内陆等，老年人的行为活动也不尽相同。相关资料表明，南方老人多习惯到茶馆品茶、闲聊或听戏；而在北方，由于气候干燥少雨、绿化相对较少、风沙时起，老年人更多选择在既能挡风沙又能晒阳光的场所交流、娱乐。说到阳光，老年人对其照射量有一定期求，据西班牙的老年行为学家费罗利芒研究表明，即使在盛夏的多云阴雨天气中，由于老年人外出活动的减少，他们容易变得无精打采。

此外，这种地域性还表现为一种稳定性，即老年人在特定的场所中进行习惯性的行为活动，有的学者将老年人的这种行为称作“地域性行为（Territorial Behavior）”，比如老年人多喜欢在大树下聊天、在住宅楼头儿打牌等等，他们一般不会轻易改变熟识环境中的行为活动内容，并且他们总喜欢去自己熟悉的地方和熟悉的朋友交谈聊天。

交往性

生活在社会中的我们，人人都需要交往，而老年人因其心理上的特殊性，在这一方面变现的更为强烈。他们不但愿意与同龄人交往，还喜欢和儿童交流，反映出他们需要情感上的互动。此外老年人还喜欢通过视觉交流手段来感知自我的存在，比如在城市街道、广场等处，常会看到老人在那里坐着看别人活动，他们将“看人”视为一种乐趣。当然，这也说明交往并不一定只局限在语言、行为上，还可以通过视觉交流达到目的。

退行性

老年人的日常行为活动与其自身的身体状况关系紧密，由于随着年龄的进一步增长，老年人的自理能力会逐渐下降，自然其日常行为活动也会随之发生变化，表现为一种退行性特征。

2.3.3.2 老年人的行为活动需求

老年人的行为活动特征将直接作用在建筑和环境上，在受到建筑和环境布局等影响的同时又对其有特殊的需求，具体表现如下：

（1）空间领域安全性的需求

这部分内容在前面心理需求中已有论述，此不赘述。

（2）私密性和半私密性空间的需求

由于老年人行为活动的私密性特征，他们对于私密性和半私密性空间的需求较多，这些空间多在老年人宅域活动圈范围内。

（3）开放空间的需求

在区域活动圈范围内，老年人常常需要较为开放的空间形态，以群体成组的形式参与其中的各种活动，从中获得娱乐和信息交流的机会，缓解他们心中的孤独感、寂寞感。

第3章

“复合集约型”老年住区的策划建构

本章将在前两章的基础上，从建筑策划的角度来建构“复合集约型”老年住区这一产品模型，相当于为后续规划设计编制一个“任务书”。主要包括用地属性、区位选址、客群定位、规模控制、服务管理模式和运营模式六大部分内容。

3.1 “复合集约型”老年住区的用地属性

所谓地产开发，首先要有“地”，没有土地后续的一切都是纸上谈兵，然而目前国家尚未专门针对老年住区出台相应的土地政策与法规，这就使得在建设上开发商有各种性质的土地，调研发现，这会对老年住区的后期运营及盈利模式产生一定的影响，所以我们要知道国家现行的土地制度及开发商获取土地的方式，分析不同属性的土地对老年住区建设及运营的影响，进而给出“复合集约型”老年住区在用地属性上的具体选择策略。

3.1.1 我国现行的相关土地制度与获取土地的方式

3.1.1.1 我国现行的相关土地制度

根据《土地管理法》第2条的规定:“中华人民共和国实行土地的社会主义公有制，即全民所有制和劳动群众集体所有制。”其具体表现为全民所有制和劳动群众集体所有制两种基本形式，其中城市的土地归国家所有，城市之外的农村土地归集体所有，形成了城乡分割的二元化土地所有制。

在开发建设上，相关现行法律规定，任何单位和个人进行建设必须依法使用国有土地，除宅基地、乡（镇）公益建设用地、乡（镇）企业建设用地及乡（镇）公共服务建设用地外，集体土地不得用于开发建设，集体建设用地也不可流转于农业用途之外的建设。

在土地使用权年限上，根据我国《城镇国有土地使用权出让和转让暂行条例》第12条规定，土地使用权出让最高年限按具体用途确定如下：居住用地70年；工业用地50年；教育、科技、文化、卫生、体育用地50年；商业、旅游、娱乐用地40年；综合或者其他用地50年。

3.1.1.2 获取土地的方式

（1）国有土地的获取方式

国有土地的获取有出让和划拨两种方式。

出让就是以公开招拍挂或定向协议的方式来获取国有土地的使用权，其中对于商业、商品住宅、旅游业等经营性建设，或一块土地上有不止一个用地需求者的，需采用招拍挂方式获取；划拨就是无偿获取国有土地的方式，但对于获取的主体需要符合一定的条件，并且国家专门制定了划拨用地的目录，只有在该目录下的用地项目才可以申请划拨土地。

（2）集体土地的获取方式

尽管我国法律不允许用集体土地进行开发建设，但是最近我国正致力于打破城乡的二元结构，实施城乡一体化建设，其中最为重要的环节就是关于用地制度的改革，包括集体土地用途的扩大利用，所以目前我国集体土地除了不能用于商品住宅开发外，其他用途的开发均在逐步尝试中。

（3）地产开发商获取土地的常用方式

结合上述提到的内容，作为地产开发商，目前主要采用以下三种方式来获取土地：

行政划拨

目前我国仍有部分企业通过行政划拨来获取低价土地，具体操作要看开发商自身的能力和项目的性质了。相对而言，开发老年住区项目会更容易得到划拨土地，因为毕竟当前的老年人居住问题是社会问题，符合国家应对老龄化问题方向，政府会对其提供相应的扶植政策。

协议出让

当前协议出让之所以可以进行，原因主要有四：第一，各区政府手里拥有对城市危旧房改造所占土地的供应掌握权，其可利用此部分土地进行招商引资；第二，各行业系统的局、委、办对自身所占土地也拥有处置权；第三，城市外延的扩大，城市开发区内的可利用土地基本上被相关经济开发区所控制；第四，城市近郊区的一些乡镇企业，征用集体土地后，直接投放市场。

招拍挂

在一些沿海发达城市，如上海、深圳等，开发商主要通过公开招拍挂的方式获取土地，这种方式比较透明规范，因此彼此获取土地的成本也基本差不多，但在内陆不发达的城市还不是很普遍。

此外，通过从土地使用者手中获取土地使用权的转让方式也较为常见，即二手的方式来拿地。一些规模较大的地产公司，手中一般都有一定的土地储备，由于某种原因，他们会以二手方式转让部分土地。

3.1.2 开发不同性质的老年住区适宜采用的土地获取方式及对应用地属性

在实际调研中我们发现，有的老年住区采用的是土地划拨的方式，比如浙江杭州的金色年华老年住区；有的采用招拍挂的方式，比如北京太阳城；还有的采用协议出让的方式等。但是不同的用地属性会对不同性质的老年住区的开发运作产生影响，如采用土地划拨方式，虽然土地成本较低，但国家会控制产品的售价与定位等方面，这对于以营利性为主的老年住区在很大程度上会受到制约，即使非营利性老年住区，在一定程度上也会影响其收支平衡，进而影响其运营。举个例子，浙江杭州的金色年华老年住区，它是在政府划拨土地上建设的，是非营利性老年住区，但是后来开发商想走营利性道路，政府当然要控制，从2008年开建至今（2012年），用了四年多时间才做到收支平衡，暂且不说定位转变应不应该、能不能的问题，就说收支平衡方面，用了四年多时间，这对于老年住区自身的人性化管理及自持运营也是较不利的。所以，我们从国有土地与集体土地、营利性与非营利性角度来分析不同搭配情况适宜采用的土地获取方式，进而给相关开发商提供对应参考。

3.1.2.1 在国有土地上开发老年住区

（1）开发非营利性老年住区

老年住区本身的主要建筑用途是用来居住的，其用地属于住宅类别，但是对于非营利性老年住区其性质应该是福利性的、公益性的，这属土地利用分类项目中“公共管理与公共服务用地”下的“医疗慈善用地”。所以，纯粹的非营利性老年住区的用地并非一般住宅用地，而应属于公共管理与公共服务用地。实际上，我们可以将这类老年住区理解为外观上像住区的较大规模福利性养老机构。

由于这类老年住区的非营利性、福利性、保障性等特征，属于我国划拨用地目录下的“非营利性社会福利设施用地”范畴，即“老年人社会福利设施”，所以，在国有土地上，打算建设这种非营利性老年住区的开发商，可以通过申请无偿划拨的方式获取土地。

（2）开发营利性老年住区

对于营利性老年住区，从性质上看，其属于住宅及其公共服务配套设施建设的范畴。将其细分，还可分为纯营利性质的老年住区、带部分公益福利性质的老年住区和老年公寓主要三种类型，下面分别分析论述：

纯营利性质的老年住区开发

这种性质的老年住区开发的住宅房产往往要产权转让，以套为单位进行房屋出售，其用地属性为居住用地，其土地使用年限一般为70年。虽然这类老年住区在功能上具有养老服务特色，需要配置较大规模的为老公共服务设施，但其居住的根本属性并没改变，仍属商业地产开发的性质，所以其用地的获取应遵循一般商品住宅用地的获取方式，即通过公开招拍挂的方式。

带部分公益福利性质的老年住区开发

这类老年住区不以完全的房屋出售来获取营利为目的，还部分有偿的为住区及周边居民提供养老服务（主要指居住上的服务），因此其具有一定的公益福利性质，不完全属于商业地产开发，即不属于法律所规定的“商品住宅”范畴。所以在获取土地方式上，如果没有两个以上的用地需求者，那么可以通过政府采取协议出让的方式来获得土地，当然采用公开招拍挂的方式也是可以的，只是土地价格上可能要略高一些。

公寓型老年住区开发

即老年公寓，这种类型与一般的老年住宅开发有一定的相似性，都是以套为单位进行房屋的修建与经营；但同时也有区别，老年公寓对于房屋经营并不只采用出售方式，而常采用类似产权式酒店的经营方式，这样比较灵活，既可出售又可出租，并提供相关的配套服务。因此老年公寓这种类型其用地性质更倾向于一般商业用地或综合用地，获取方式上则主要采用公开招拍挂的方式。

3.1.2.2 在集体土地上开发老年住区

（1）开发非营利性老年住区

对于集体土地，其本身可以用于农村的公共管理及公共服务的建设，因此农村可以集体修建非营利性老年住区，用于对本集体的养老公共服务。换句话说，对于具备农村公共服务性质的老年住区，其建设是可以直接使用集体土地的。但是，这要注意以下三个问题：一是该用地应符合乡村规划，并且不能占用农耕用地；二是涉及老年住区的具体相关内容应当由村民大会或村民代表大会决议通过；三是服务对象主要以本集体成员为主，应突出其满足本区域内村民养老福利保障需求的特征。

（2）开发营利性老年住区

对于要在集体土地上开发营利性老年住区，主要有以下两种情况：

社会投资者和村集体联合开发

此种情况，通常社会投资者出钱，村集体出地，二者联合起来共同修建老年住区，这样既解决了村集体内居民的养老福利需求，又可以使得投资者实行对外经营，从而获得收益。村集体属于修建老年住区的主体之一，实际参与了建设，老年住区内部提供的相关养老服务功能也算是具备农村公共服务性质，符合集体土地的建设类别。所以，开发此类老年住区，其土地的获取方式为村集体入股。但也要注意，在具体的产品类型上，考虑到国家相关规定明令禁止商品住宅在集体土地上修建，所以对于在集体土地上修建的老年住区不能像普通住区那样，可以结合农村本身良好的自然生态环境，将项目打造成疗养性、康复性的老年住区，或者前面提到的养老公寓亦可。

社会投资者自行开发

这种情况，要想开发营利性的老年住区，只有通过土地转让的方式，社会投资者与村集体签订转让合同，并支付一定的转让费用来获得一定期限的土地使用权，这样村集体并不直接参与老年住区的建设上来，而只是作为集体土地使用权的转让主体，收取相应的土地转让费。需要注意的是，对于能否可以转让这一问题，因不同地区相关政策的不同而有所差异，所以要因地制宜，不可一概而论。

以上所述内容可总结如表3.1所示：

表3.1 不同性质老年住区的用地属性及土地获取方式建议

Table 3.1 Suggestion in land properties and land acquisitions of different elderly residential area

用地类别	住区类型		用地属性	土地获取方式
国有土地	营利性老年住区	纯营利性质的老年住区	居住用地	公开招拍挂
		带部分公益福利性质的老年住区	均可，以居住用地为主	出让，以定向协议为主
		公寓型老年住区	一般商业用地或综合用地	公开招拍挂
	非营利性老年住区		福利用地	划拨

续表

<table>
<tr><th>用地类别</th><th colspan="2">住区类型</th><th>用地属性</th><th>土地获取方式</th></tr>
<tr><td rowspan="3">集体土地</td><td rowspan="2">营利性老年住区</td><td>社会投资者和村集体联合开发的老年住区</td><td>公共服务用地</td><td>村集体入股</td></tr>
<tr><td>社会投资者自行开发的老年住区</td><td>公共服务用地</td><td>土地转让，需因地制宜</td></tr>
<tr><td colspan="2">非营利性老年住区</td><td>公共服务用地</td><td>划拨</td></tr>
</table>

3.1.3 用地选择策略

对于“复合集约型”老年住区，主要由开发商投资建设，所以应以营利性为主，至于具体的类型要看开发商自身的项目计划，建议采用“带部分公益福利性质的老年住区”和“公寓型老年住区”两种类型，当然大的用地类别是在国有土地上还是在集体土地上，这实际还涉及住区的选址问题，在下一节中会有所论述。那么，在上面相关论述的基础上，对于“复合集约型”老年住区的用地选择策略具体如下：

（1）主要采用公开招拍挂和协议出让方式获取土地，不建议采用无偿划拨的方式。

（2）尽量选用居住用地，综合用地尚可，不建议征用集体土地。

3.2 “复合集约型”老年住区的区位选址

住区的区位选址将直接影响到居住购买者或使用者的选择，对房地产开发的成败有着非常重要的作用，并且针对老年社区，由于老年人自身特征，其区位选址又有新的特点，下文将从老年住区区位选址的原则、方法及所要考虑的因素做一研究，并给出“复合集约型”老年住区在区位选址上的具体策略。

3.2.1 老年住区区位选址的原则

住区区位，不仅仅是一个地理坐标的位置概念，还包括该位置的通达性（出行的方便程度）以及该位置的满足感（所得到的非经济方面的满足程度），具体是指住宅或住区的地理位置和以此为基点进行购物、就业、娱乐、就医、上学等出行活动所需的交通成本（包括物质成本与时间成本）以及该位置的自然环境、社会人文环境等对居住者身心方面的影响。若将这种通达性看做区位的经济效益，把满足感看做为居住效益，那么对于住区区位而言，经济效益与居住效益并不矛盾，其经济效益一定是建立在满足居住效益基础之上的。

老年住区的区位选址同样要注重经济效益与居住效益，并且我们还要认识到，老年住区有其自身特点，关键在于要适于老年人的生活居住，但是究竟什么样的区位是适合于老年人的呢?

从实际调研情况来看，国内大多已建成的老年住区都处在城市的远郊，比如上海的亲和源，地处上海市南汇区康桥镇，虽然自然要素较好，但交通多为不便，这会造成老年人的“二次隔离”（“一次隔离”为老年人从工作岗位上的隔离），对老年人来说是不利的，一方面，偏远的区位，使老年人在无形中脱离了社会这个大群体，减少了与原来生活圈的亲戚、朋友的交往机会，容易加大老年人心理的孤独感；另一方面，交通的不便，客观上降低了子女看望老人的频率，使得老年人缺少亲情的关怀，不利于他们的身心健康。

但是老年人往往又喜欢在空气清新、风景优美的地方居住，这就存在了矛盾，这时就要比较究竟是自然需求对老年人影响大还是交通需求影响大，我们认为交通需求要相对大一些。首先，空气清新、风景优美的居住环境是受广大民众所喜爱的，并且这样的环境通过我们建筑师的设计是有可能模拟出来的；其次，老年人，尤其是注重家庭观念的中国老年人，最怕的就是孤独寂寞，这种心理上的需求要大于生理上的需求。

因此，在对老年住区进行区位选址时，要把握一个大的原则——“综合考虑环境与交通，且交通为先”，具体表述为：既避开闹市，有较安静、优美的环境；又不远离市区，以免使老年人远离社交，产生孤独之感；当二者产生矛盾时，要倾向靠近市区。

3.2.2 老年住区区位选址的方法及要考虑的因素

房地产项目中住区区位的选址方法，如层次分析法（AHP法）、特尔斐法等，具体可查阅相关资料。在实际选择某一区位时，要考虑的因素也有很多，见表3.2所示，针对老年住区的选址，相关规范与书籍所列出的因素更是有过之而无不及，如在《中国绿色养老住区联合平度认定体系》（聂梅生等主编）中，就包括自然条件与防灾减灾、交通条件、人文条件、环境卫生条件、市政条件五大方面。这些要考虑的因素并列摆在一起，对既有住区评估，可以逐条检查打分，再求得总分判断，但具体选址操作时往往使人不知从何下手，并且在不同层面下，各层面的重点考虑因素又存在较大差异。因此，在对老年住区进行区位选址时，我们认为可以根据“综合考虑环境与交通，且交通为先”的原则，从“宏观—中观—微观”三个层面逐层限定选择，将这些诸多因素分层化、模型化，这样才能更清晰、更合理、更科学地选择操作。

表3.2 区位因素构成

Table 3.2 Location factors composition

区位因素	因素构成
自然因素	主要指影响区位质量的自然资源、自然条件和地理位置等
地价因素	主要指直接影响工业、商业和住宅业区位的地租、地价因素
交通运输因素	处于不同位置的自然和经济要素的结合要通过交通运输来实现，交通运输的可获得性及其价格对区位影响尤甚
生产要素因素	包括劳动、资本等要素的数量、质量、组合及其价格水平
公共服务因素	包括教育、消防、治安、电力供应、给排水条件及其他基础设施
集聚因素	主要指空间集聚的规模效应和外部效应
科学技术因素	主要指科学技术水平及其发展趋势
制度文化因素	包括经济制度、政治制度、法律制度等正式的制度安排和地域文化观念、风俗习惯等非正式的制度因素
市场因素	主要指决定区域市场规模、结构、分布及其发展潜力的诸多因素，特别是居民收入水平及其分布特征
信息通信因素	主要指影响区位的信息网络和通信条件
政策因素	包括中央或地方政府的税收、规划、资源保护、住房、公共设施等政策

资料来源:《住区设计》（楚超超、夏健 编著）

3.2.2.1　宏观层面的区位选址

对于宏观层面的选址，可通过“城市构架环”这一概念来阐释。所谓城市构架环，就是指依据城市的发展过程将城市的空间结构看成是一种由中心向四周扩展的圈层式的城市空间结构图形。虽然每个城市的布局发展都有其自身的特点，但从城市发展结构的角度上看，不同的城市又具有相近的发展结构。城市形成初期，人口集中，基础设施和活动空间完备，生活条件优越。但随着时间的推移，城市要进一步发展，城市内的人口也在不断增长，城市中心区居住及就业等空间已达到饱和，于是城市要向外扩张，形成新的城市区域，当城市发展到一定程度时，城市的扩张速度减慢，越接近中心越相对稳定，可看成是一种由中心向四周扩展的圈层式结构环，即城市构架环，如图3.1所示，由此就可将城市分为中心区、主体区、边缘区与郊区四个层级，其中中心区与主体区属于相对稳定的城市建成区，而边缘区与郊区属于相对不稳定的城市发展区。

这里需要注意的是城市构架环的概念，并不是对城市具体形态的描述，而是对城市发展结构的抽象描述，比如沿海城市的形态多呈带状分布，但在发展结构上仍满足城市构架环的同心圆圈层式特征。实际上，在20世纪20年代初期研究芝加哥住宅格局时，伯吉斯（E.W.Burgess)最早提出住房过滤论便是对这种城市发展结构的解读。

城市中心区公共空间及设施完备，人口基数大，环境较郊区不适合老年人的生活；城市主体区是城市居民生活最密集的地区，基础设施不及城市中心区完善，生活环境不及郊区优越；城市边缘区是城市中心区和郊区的过度区域，这不仅仅指传统上的城乡结

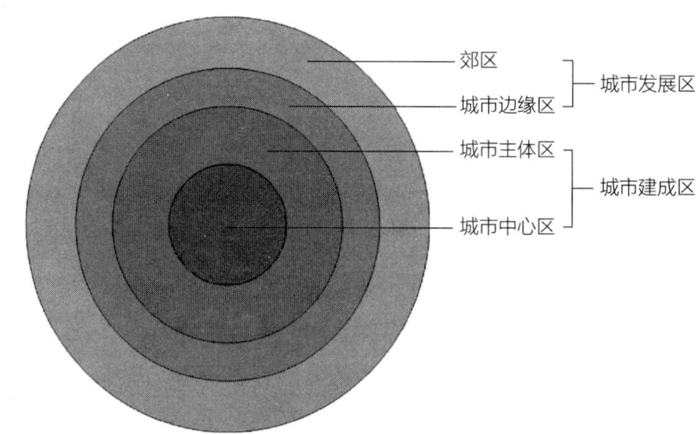

图3.1　城市构架环概念示意

Fig. 3.1 Schematic of urban architecture ring concept

合部，它比城乡结合部更贴近城市，是指有较好的自然条件和兼具城市生活与生产特征的地区；郊区，即城乡结合部，是城市的最外围区域，虽然仍受到城市作用力的影响，但生产和生活状态依旧保持着明显的农村特征。

在住区的选址模型中，由最内部的城市中心区到最边缘的城市郊区各个层次都有着各自不同的特点，势必对老年住宅的选址产生不同的影响，见表3.3。由表可知，位于城市、边缘区，交通系统可以满足基本的日常生活需要，并且也不容易形成对住区有消极影响的噪音和尾气；基础设施和自然条件的服务性都较好，人口相对稳定，对开发商而言有一定的利润可图；最后，从伯吉斯的城市过滤论理论中可知，这一区域的人们的生活节奏相比中心区要缓慢许多，生活品质也较高，这是比较适合退休后的老年人们的。如果将老年住区选址在城市边缘区，对老年人的生理、心理以及市场等方面都能达到良好效果。所以在选址模型的基础上，宏观角度老年住区的选址适合在城市的边缘区。

综上，在宏观层面需要考虑的因素有：交通、经济、社会（生活节奏与品质）。

当然，在更宏观的层面上，对于老年住区的建设选址，要建立在有一定经济基础的地区，所以应该是城市，并且是经济较发达的城市，这个指标在前面已经提到过，即人均国内生产总值要达到5000美元以上，当然这个城市的老龄化率也是要比较高，以保证足够市场。满足上述条件的城市，在我国主要为像北京、上海、成都、沈阳、大连等的一二线城市。

表3.3 城市各圈层结构区特征对比

Table 3.3 Urban circle structure area feature comparison

	城市中心区	城市主体区	城市边缘区	郊区
交通系统	交通面积比大，公共交通发达，交通设施完善，可达性优秀	交通较为发达，能满足日常生活需求	交通系统较为方便，需要花费更多的交通费用以完成正常生活需求	交通联系性较差，公共交通尚能满足日产生活，但交通设施状况不佳
基础设施	基础设施最为完备，且互补性良好，规模较大，能为整个城市服务	基础设施比较完备，但不同设施分布不均，特别地段需要中心城区的设施补给	基础设施不太完备，规模较小，要依赖相邻主体城区的设施，以满足日常生活需求	基础设施不健全，规模最小，服务范围最小

续表

	城市中心区	城市主体区	城市边缘区	郊区
自然条件	绿地匮乏，空气质量较差，噪声等的干扰比较严重	有一定的城市景观，空气质量不佳，噪声的等干扰比较重	自然环境良好，生态环境相对平衡，空气质量尚好，噪声等的干扰较小	乡野气息浓厚，自然环境好，基本无噪声等的干扰
人口构成	低收入人群集中，人口结构复杂，生活状态不稳定，人口素质偏低	人口构成复杂，人口密度大，生活状态良莠不齐	人口素质较高，收入稳定，生活节奏相对缓慢，生活状态良好	农民与高收入人群居住分异严重，生活状态分化
土地价格	地价昂贵，新的居住项目很难成形	土地价格高，对开发商和购买者都有一定压力	地价适中，开发商和购买者都能接受	地价低廉，但土地开发价值相对较小
供需关系	用地紧张，且居住需求相对较弱	城市建设量最大，房产的供应量和需求量都较大	土地出让量大，有大量新建住宅供给，需求也较大	建设量较小，大型开发价值不大，房产的供应量和需求量都不大

资料来源：作者自绘

3.2.2.2 中观层面的区位选址

宏观层面的区位选址中，城市边缘区为主要选址对象，如图3.2中的a所示，那么接下来如何在城市边缘区中选择适当的地块，即老年住区具体在图中城市边缘区这一环中的哪一区域呢？这就是中观层面的选址问题，主要考虑自然景观和以医院为主导的基础服务设施两大因素。

靠近良好的自然景观（这里包括人文景观），这是人们居住的普遍理想，对于侧重生活质量而非工作质量的老年住区就更为重要了，那么作为一个城市，一般都会有一个较好的自然景观区域，并且这一区域多在城市的郊区，如图3.2中的b所示，绿点位置即为较好的自然景观区域，于是选址时，很自然地希望将老年住区靠近这一自然景观区域。另外还需要考虑基础服务设施的完备情况，尤其是医院。老年人最担心的是生病了，离医院太远，耽误治疗。所以，医院在区位选址的宏观层面尤为重要。当然，老年人不是一定要生病的，但老年住区离医院较近，就会使老年人形成一种心理安全感。至于其他的基础服务设施自然是越完备越好了，此不赘述。如较大规模的以医院为主导的这些基础服务设施在城市边缘区较少，一般都在城市主体区，于是在图3.2中b的基础上，我们可以得到图3.2中的c的情况，图中蓝点即为以医院为主导的基础服务设施相对完备的区域，于

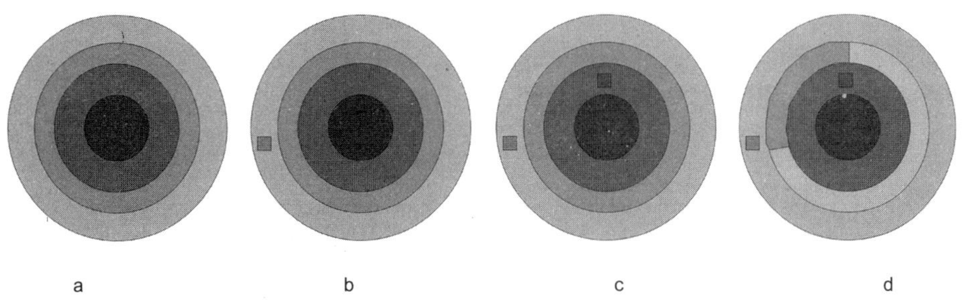

图3.2 老年住区中观层面的区位选址过程示意
Fig. 3.2 Location site selection process schematic about elderly residential area in meso level

是在进行区位选址时，又会很自然地希望将老年住区靠近这一区域。

结合以上两个方面，我们可将老年住区选址在郊区环的自然景观良好区与主体环的基础服务设施完备区之间的边缘环区域内，如图3.2中的d所示。

综上，在中观层面需要考虑的因素有：自然景观、基础服务设施（医院主导）。

3.2.2.3 微观层面的区位选址

由宏观和中观两大层面的选择，可将老年住区的区位大致确定在城市边缘环的某一区域内了，这时再进一步的区位选址，就要分析该区域内对老年住区产生影响的相关因素了，这便是微观层面的区位选址。

微观层面需要考虑的因素主要有：道路交通的性质、交往的稳定性、以商业为主的基础设施的完备和选址地块的自身条件。

（1）道路交通的性质

首先，老年住区要选择在远离城市对外交通和过境交通等交通量较大的交通干道，这样可以减少发生交通事故的频率，减少交通产生的大量尾气和噪音对老年人居住生活的影响；其次，老年住区要选址在支路网（即生活性道路网）发达的地区，这样有利于老年住区享受周边基础设施（尤其是主体区）辐射的强度，这样可以弥补城市边缘区自身基础设施相对不完备的弱点。

（2）交往的稳定性

城市的边缘区作为城市中心区和郊区的连接体，有的区域会有大量人流的输入和输出，这会造成其内部人口交往的随机性较大并且没有特定的交往目的。老年住宅的选址要尽量避免这些人流移动较频繁、周围居民变化性大的区域，而应该尽量选择居民流动性小、生活较稳定、居民素质较高的地区。这样的地区一般表现在周围有相对稳定的居住区。

（3）以商业为主的基础设施的完备

除了医院对选址提出的要求，其他较完善的基础设施，尤其是商业类设施，对老年人的日常生活也有非常大的影响，如菜市场、邮局、银行等。所以在选址上要加强这些基础设施与待选地块的关联性，即待选地块要尽量靠近这些基础设施。

（4）选址地块的自身条件

最后，地块的地形、地质特征也是需要考虑的。建设老年住区地块要尽量避免较大高差的出现，土地稳定性要好，这样既可以减少开发的难度，也为后期老年人的无障碍生活提供保障。

通过从上面论述的“宏观—中观—微观”三个层面的逐层考虑，我们就可以选择适合开发老年住区的具体区位了，即公共服务设施（以医疗、商业为主）完善的、自然环境及人文景观优越的、大中城市边缘区。并给出不同层面需要重点考虑的选址因素表3.4。

表3.4　不同层面需要重点考虑的选址因素

Table 3.4 Siting factors that need to focus on to consider in different levels

思考层面	需要重点考虑的选址因素
宏观层面	交通、经济、社会（生活节奏与品质）
中观层面	自然景观、基础服务设施（医院主导）
微观层面	道路性质、交往稳定、基础设施（商业主导）、地块特征

3.2.3　区位选址的灵活可变性

对老年住区进行区位选址时，要把握“综合考虑环境与交通，且交通为先”这一原则，具体区位应该在公共服务设施（以医疗、商业为主）完善的、自然环境及人文景观优越的、大中城市边缘区。但是这并不能因此将老年住区的区位就限定在这样的地方，这只是一个较为理想的情况，实际上由于政府的宏观导向、开发商自身的土地储备等方面的影响，老年住区的建设地点很可能不是文中提到的理想之地，换言之，对于老年住区的区位选址应该具有一定的灵活可变性。在这里，这种灵活可变性主要表现为两大层面：

第一个层面是指对城市的选择层面。目前，老年住区将主要集中在大城市，中小城市对其的关注度相对较弱，随着老龄化的加剧与我国经济水平的提高，中小城市势必也会开始关注老龄化的问题，建立一定数量和规模的老年住区。此外，有的小城市可能作为其临近大城市的腹地（或卫星城）考虑，在小城建老年住区，而实际上服务的是整个大城市，比如我们就曾为某公司策划在铁岭市建一个老年住区，主要的服务客群除了铁岭市当地居民外，很大的部分则来自沈阳市。

第二个层面是指城市内的圈层选择层面。根据实际情况，并不排除把老年住区建在生态良好的主体区或中心区和基础设施相对完善的郊区的可能，很多时候可能区位选址上并不能达到非常理想的状态，这时需要设计师在对老年住区进行设计时，通过环境空间等的二次营造来弥补区位上的一些不足。比如要在城市主体区或中心区建一个老年住区，该区域内的医疗等基础设施相当完善，但生态良好的自然环境则相对稀缺，所以可在老年住区内适当设计一定规模的住区生态公园。

此外，城市在不断地更新与扩张，城市的空间状况也不确定。老年住区的选址没有固定的类型，要以城市生长的角度来看待老年住区的选址问题，保持一定的选址弹性，抓住最主要的影响因素，平衡各个方面的利益，以达到既适老又适应市场的目的。

3.2.4 选址要点

“复合集约型”老年住区选址的原则与方法与一般老年住区基本相同，可从宏观—中观—微观三个层面逐层确定选择，但由于其“复合集约”的特点，使其在区位选址上又会略有不同，可多考虑对周边已有公共服务设施的利用，具体选址要点策略如下：

（1）可在经济水平相对较发达且老龄化较严重的城市，多为二线以上城市

（2）对外交通便利，尽量不要远离城市，最好在城市边缘区

（3）临近可利用的公共设施，周边最好已建或即将配建医疗卫生相关设施

（4）较好的自然环境与人文环境

（5）尽量远离城市干道，住区所在地最好有较为发达的支路网

（6）尽量选择居民流动性小、生活较稳定、居民素质较高的地区

3.3 “复合集约型”老年住区的人口与家庭构成（客群定位）

居住者是使用老年住区的主体，怎样的人口构成及比例是适合老年人居住生活的，是有利于老年住区这一产品的经营运作的，这相当于给产品的客群定位；同时，如若想更直接地反映在建筑层面，与住宅的套型相联系，就必须要进一步研究决定这一套型的户型，即家庭结构，它将直接影响到老年人的居住模式。本节则主要对“复合集约型”老年住区的人口与家庭构成做进一步研究。

3.3.1 人口构成

人口构成是指按人口的自然、社会、经济和生理等特征划分后的各组成部分所占的比重。从不同的角度有不同的构成分类，考虑到对老年住区这一产品的影响和对居住生活在其中的人的相关作用，“复合集约型”老年住区的人口构成研究主要从年龄、经济与健康三个层面进行论述：

（1）年龄构成

在年龄层面，对于“复合集约型”老年住区，其主体应当是老年人，这有利于住区整体环境与性格的营造，但若全是老年人，则会使得住区环境沉闷、缺乏活力要素，其实这是非常不利于老年人身心健康的。比如上海的亲和源，其内部除了工作人员全是60岁以上的老人，虽然住区内环境很优美、公共服务设施也很齐全，甚至还有门球场，但走在园区内，感觉园区非常安静，像是疗养休闲之地，而非居住生活的地方。老年人最大的心理特征之一就是容易产生孤独感，这种孤独感如果不通过一定的方式加以缓解，

就容易引发老年抑郁症，对他们的身体健康非常不利。所以适当引入年轻人口，一方面在彼此邻里交往过程中可使老年人获得新的思想与信息；另一方面在住区整体环境上也有利于增加住区生活气息的营造。此外，俗语讲“隔辈亲”，老年人喜爱自己的孙子、孙女是人之常情，他们甚至爱屋及乌，将这种喜爱延伸到其他孩子身上，这点我们深有体会，自家老人就是如此。

所以对于老年住区内的居住者年龄层面的设定，每一年龄段都要有所涉猎，只是比重有所不同，即年龄要“复合”。在这里（“复合集约型”老年住区），居住着老人（包括低、中、高龄老人）、中年人、青年人甚至儿童，其乐融融的住区氛围就是一个大家庭。

但是，要对他们彼此之间的比例有所限定，否则变成一个纯常态化的小区，在生理和心理等方面并不能满足老年人的需求，例如老年人口过少会不利于老年亚文化群的形成及相关为老设施的配套等等。若将中年人、青年人、儿童统称为“非老年人”，那么我们建议在老年人基本生活范围的尺度内，老年人与非老年人的比例可在3：1左右，这主要是考虑：在老年人经常聚集聊天的人数尺度（5～10人）下融入非老年人以增加活力气息与新鲜消息，同时考虑到不能使非老年人感到只身置于老年人中而产生沉闷老化之感，所以可将需要融入的非老年人人数定为2～3人，分别取平均值为7.5与2.5，其比值即为3：1，当然这只是一个模糊的参考比例，绝不是一个死板的数字。同时，在老年人扩大生活范围的尺度内，尽量使老年住区的氛围相对活跃、相对常态化，老年人口与非老年人的比例可按住区所在地区老龄化率的统计状态确定。

（2）经济构成

在本书的第1章对我国已开发的老年住区进行了归纳论述，住在其中的老年人均拥有良好的生活条件，即这些老年住区的客群多定为高端人士，比如上海亲和源的会员费就高达98万人民币（15年），从现状来看我国大部分老人是不具备这种支付能力的，只能望而止步。当然，由于住区内配套设施比重大，导致开发及运营成本会有所提高，所以要让开发商做“低端”恐怕也不现实。但是作为一名建筑师、一名想帮助社会解决一点老龄化问题的建筑师，一定是希望为大多数老人服务的，并且我们认为通过一定的手段——“复合集约”，比如对建设规模的控制、空间的组合、公共服务设施的选取等等，是可以将“高端”转化为“中高端”甚至是“中端”的。

因此，在经济层面，我们将“复合集约型”老年住区的人口总体定位为“中高端”，其具体构成为：以中上收入老人（家庭）为主，高收入老人（家庭）与中等收入老人（家庭）为辅，适当引入中低收入老人（家庭）。由于价值观不同而导致的不同社会群体间的分异现象，对于老年人而言是较微弱的，比如一位退休的老局长和一位赋闲的老工人在这里很可能一起喝茶、聊天，但在退休之前，这种情形恐怕很少见。所以说，这样的人口经济构成，在解决心理最不平衡的“中档”人群与“高档”人群间的差异与矛盾上是非常有利的。

对于具体的比例，要结合项目及其所在地自身的情况具体限定，并且国家对保障性住房的相关内容也是值得借鉴的。

（3）健康构成

在《老年人建筑设计规范》（JGJ 122—99）中，按照身体健康状况的不同，将老年人分为三类：自理老人、介助老人和介护老人。自理老人是指生活行为完全自理，不依赖他人帮助的老年人；介助老人是指生活行为依赖扶手、拐杖、轮椅和升降设施等帮助的老年人；介护老人是指生活行为依赖他人护理的老年人。与此类似，美国一般将老人按其健康活跃或需要照料的程度，也分为三类：完全可以自理的健康活跃老人，一般在55～65岁之间；需要半护理的老人，一般在65～75岁之间，可以部分自理，或在医院治疗后可以回家康复理疗的老人；全护理老人，一般在75岁以上，行动不便或患有老年痴呆症的老人，需要24小时看护和照料的老人。

老年人的身体健康状况多半会随着其年龄的增长而渐渐衰弱，这是一种不可抗拒的自然现象，所以一位60多岁的老人，现在身体健康，属于自理老人，但20年后可能其就要变成介助老人甚至介护老人，因此国外提出了“持续照护”的概念，“复合集约型”老年住区，应当要求其具有此功能，所以“复合集约型”老年住区人口（主要指老人）的健康构成包括自理老人、介助老人与介护老人三类，即健康、不健康的都要有。

对于自理、介助与介护老人的比例控制，我们可以借鉴前面提到的美国持续照护型退休社区（CCRC）做法：自理、介助与介护老人之比为12∶2∶1，即自理老人占老年人总数的80%，介助、介护老人占总数的20%。这一比例的确定实际上也参考了老年人健康状况普查的统计资料数据。

（4）其他构成（服务管理人口配比构成）

在老年住区的人口构成中，除了居民以外，还有很重要的一部分人就是服务管理人口，因为老年住区不同于一般的常态小区，其内部居住着大量的老年人，住区需要给他们提供多种类型的为老服务，比如护理服务有时需要24小时工作，所以服务管理人员在某种意义上已经成为老年住区的“第二居住主体”。这些服务管理人员主要是针对老年人而提供的，对于服务管理人员与被服务管理人员（主要为老年人）的比例关系可以参考养老服务相关行业标准的规定，比如上海市民政局印发的《上海市养老机构管理和服务基本标准（暂行）》第六条和第七条中规定：“护理员与住养老人的比例为：护理员与三级（自理）老人比例1：5至10；护理员与二级（半自理）老人比例1：3.5至5；护理员与一级（不能自理）老人比例1：2.5至3.5；护理员与专护（完全不能自理和瘫痪老人）老人比例1：1.5至2.5。”、“行政管理人员占职工总数10%以下。”此外还可以参考酒店管理中服务人员的配置情况。

通过上面的分析论述，“复合集约型”老年住区的人口构成无论在年龄、经济还是健康状况上都是多样的、复合的，这样对老年人实际是非常有好处的，并且在某种程度上也会增大老年住区这一产品的目标客群，对房地产开发是非常有利的。

3.3.2 家庭构成

家庭，科学定义是指通过婚姻、血缘或收养关系所组成的社会组织基本单位，但对于老年人而言，可以说是“归属感”的代名词。家庭结构，主要是指家庭成员的组合方式和家庭内部的构造，其包括两个基本方面：①人口要素：家庭由多少人组成，规模有多大；②模式要素：家庭成员之间怎样相互联系，以及因联系方式不同而形成的不同的家庭模式。所谓家庭构成，实际上是家庭结构构成的简称，是指由几种家庭结构组成及各部分所占的比重。

由于20世纪我国的计划生育政策、近年来经济的快速发展以及年轻一代受教育程度的加深，导致我国人口家庭结构发生巨大变化，主要表现为家庭的核心化、小型化，除此以外，其他非核心化的小家庭式样，如空巢家庭、丁克家庭、单身家庭、单亲家庭等，也正在构成我国城乡家庭结构的重要内容。从家庭代际人口配比关系上看，出现所谓的“421”家庭结构甚至“8421”家庭结构，并且这种“倒金字塔”的家庭结构还在不断增多。

考虑到我国当前家庭结构的大背景，“复合集约型”老年住区的家庭构成包括老年家庭、网络式家庭、常态家庭和年轻独居家庭四种，其中老年家庭又可细分为老年独居家庭、老年夫妇家庭、老年核心家庭、老年主干家庭、老年联合家庭五种。具体描述如下：

（1）老年家庭

①老年独居家庭，是指由一名老年人单独组成的家庭，其多是由于单身、丧偶或子女离开等原因而形成。随着我国经济的发展、老龄化的进一步加剧、老年人生活观念的转变，这种家庭结构有增多趋势。

②老年夫妇家庭，是指由老年夫妻二人组成的家庭，其主要包括无子女的老人家庭和子女不在身边的空巢家庭二种形式。与老年独居家庭相类似，老年夫妇家庭也有增多的趋势。

③老年核心家庭，是指由老年夫妇与未婚或离异子女组成的家庭，这种“2+1”式的家庭结构实际上是由常态普通家庭转化为其他老年家庭的过渡形式。

④老年主干家庭，是指由老年夫妇与一对已婚子女组成的家庭。这种“2+2”式的家庭结构在我国所占的比重是很大的，但由于经济水平的提高以及代际之间生活方式存在差异等原因，其比重在逐渐减小。

⑤老年联合家庭，又称为多代同堂家庭（多为三代），是指由老年夫妇与已婚子女夫妇及其儿女组成的大家庭。我国传统的家庭结构就是这种形式，并且它一直是人们心中所向往的家庭，但与老年主干家庭相类似，传统的老年联合家庭有下降趋势，在这里我们可结合“两代居”模式设计户型而形成新型老年联合家庭，具体内容会在本书第4章中做详细介绍。

（2）网络式家庭

在本书第1章中提到过“网络式家庭”，它是将老年人家庭与子女家庭既彼此分开而又相互靠近构成居住网络的一种居住家庭结构，主要包括同楼同层近居、同楼异层近居、同街异楼共居与同区异街共居四种类型，是对“两代居”模式概念的外延。这种“分而近”的家庭居住方式成为老年人及其子女的普遍愿望。

（3）常态家庭

对于常态普通家庭比较好理解，就是我们目前接触到的大部分、最常见的家庭结构，其主要包括夫妇家庭、核心家庭、主干家庭等，各自概念与前面类似，不再赘述。“复合集约型”老年住区需要这样的家庭，一方面可以使住区氛围趋向常态化，有利于老年人生活居住，另一方面开发与此对应的户型，可以适当提高地块的容积率，有利于房地产开发盈利。

（4）年轻独居家庭

年轻独居家庭主要是指由一名单身年轻人组成的家庭，这个年轻人可能是学生，也可能是上班族，他们往往没有足够的资金购买房子或只想暂时居住，多采用短期租赁的方式，需要的住宅套型都不大，与老年独居家庭所需的住宅套型相类似（甚至相同），这样“开发一种套型适用两类家庭”的做法有利于市场开发，同时也增加了老年人与年轻人的接触机会。

对于上面提到的各种家庭结构的比重关系，主要反映在住区不同套型的配置比例上，这个比重的大概关系，我们认为应“以适合老年家庭结构和网络式家庭结构的套型为主、以适合常态家庭结构的套型为辅、适当融入少量的年轻独居家庭结构套型”，而对具体的比例数字的确定要结合项目所在地的市场调查，并考虑大的社会经济背景等因素。

显而易见的是，由于“复合集约型”老年住区人口与家庭构成的要求，与之对应的居住功能便可分为两大块：老年人居住功能与非老年人居住功能。对于老年人居住功能用房，要尽量相对集中布置，这有利于增加老年人的彼此交往机会，有利于老年亚文化群的形成。这样，“复合集约型”老年住区的居住功能分区就可以分为老年人集中居住与普通常态居住两大部分，其中老年人集中居住部分相当于美国的CCRC，普通常态居住部分相当于美国的AAC，故可分别简称为CCRC区与AAC区。当然，老年人居住区集中布置并不意味着其内部就不含有非老年人居住，反而应该仍混有一定数量（约占老人总数的1/3）的非老年人口，来增强居住活力，就像日本混住型老年住区那样；而普通常态居住部分也并不意味着其内部就不能含有老年人居住，可结合住区所在地的老龄化率及市场的实际情况做适当调整。（注：此部分内容实际涉及设计层面的内容，后面章节还会详细论述，在此提及目的是为了便于下节规模研究的描述）

3.4 “复合集约型”老年住区的规模控制

住区规模一般具有两层含义：一是用地规模，这是对空间尺度的描述；二是人口规模，这是对社会尺度的描述，二者通常呈正相关关系。因此对于在住区规划中的规模控制，主要就从人口和用地这两方面来进行。“复合集约型”老年住区的规模控制，在一定程度上可以借鉴我国居住区分级规模控制的模型（表3.5），其应与居住小区相对应。但是由于住区内居住对象的特殊性及其对配套服务设施的特殊需求等，对“复合集约型”老年住区的规模控制还应充分考虑这些特殊方面的影响。本节将针对上述问题，研究影响老年住区规模控制的因素，并结合国内外已有成果与现状，提出“复合集约型”老年住区的合理规模。

表3.5 我国居住区分级规模控制

Table 3.5 China's residential area grading scale control

	居住区	小区	组团
户数（户）	10000～16000	3000～5000	300～1000
人口（人）	30000～50000	10000～15000	1000～3000

资料来源：《城市居住区规划设计规范（BG 50180—1993）》

3.4.1 影响老年住区规模的因素

影响老年住区规模控制的因素有很多，通过归纳比较分析，我们认为主要反映在区位选址、认知交往、公众参与、生理安全、公服配套、社区管理与住区建设七个层面，下面对其逐一论述：

（1）区位选址层面

老年住区较为理想的区位选址为：配套设施（尤其是医疗设施）较完善的、交通便利、风景环境较好的、具有一定经济基础的大中城市边缘区。城市边缘区多处在城市的发展区内，用地相对较宽松，地价一般比城市中心要低，老年住区的规模可适当大一些，但是若选址在城市中心区或主体区，地价相对较贵，用地也较为紧张，老年住区的规模可适当减小。

（2）认知交往层面

住居学认为，若要形成密切的邻里关系和个人社会支持网络，约300人（90户左右）的邻里规模是较为合适的，考虑到一般住区由7个以上的多个邻里共同构成，因此住区的人口规模一般应大于2000人。结合我国居住现状和居住区规范，一般认为5000～10000人为适宜规模，这样有助于住区组织以及归属感和社区感的营造、有利于住区物质生活空间的规划建设和社区组织管理的协调。

但是人类学家则研究认为，居民所能感受到彼此间的邻里规模一般为8～12户，这与上面提到的邻里规模（90户）有较大的差异，所以有些研究者将两者结合到一个统一的邻里类型学中去，他们从心理认同角度，将邻里交往关系分为“互助型、相识型和认同型”三个层次。这三个层次的关系随着空间地域规模的由小到大，邻里交往也由强到弱。据此将邻里也分为三个层次：第一层次为5～12户，这是建立较强的人与人之间相互关系的规模；第二层次为50～100（或150）户，在此规模下人们能够知道彼此之间的姓名，并且伯鲁汶韦德认为，300户以下小孩之间还可能相互认识；第三层次为500～1500户，超过500户时小孩之间也无法认识了，即在这一规模下人与人之间的交往是较弱的。这里提到的“邻里”，主要为规划中合理安排公共服务设施提供依据，不可能作为社会交往的框架，因此，邻里间的社会交往只可能出现在前两层次所属的邻里范围中。

如果住区规模过大，则容易淡化互助型邻里关系，并且相识型与认同型邻里关系也较模糊，这不利于老年人的认识交往。因此，小规模住区有利于建立较为密切的邻里关系。此外，相关资料表明，人的视觉能力在超过130～140m时，就无法分辨其他人的轮廓、衣服、年龄、性别等特征，所以传统街区间的距离多为130～140m。F. 吉伯德指出：文雅的城市空间范围应≤137m；亚历山大也指出：人的认知邻里范围直径应≤274m，即用地面积在50公顷左右。由此，以人的尺度确立的理想的居住小区规模应小于50公顷（同济大学周俭教授提出，规模应≤150m空间范围或40公顷用地规模）。而对于老年人而言，这种认知能力还将有所下降，所以规模要更小一些。

（3）公众参与层面

小规模住区会促使业主参与的更多的社区活动，对于孤独的老年人，让其参与到住区生活的各方面是非常有必要的。亚历山大认为，在任何一个10000人的住区里，个人的呼声不会有任何效果，他提出7000人（2200户左右）规模的住区比较理想。这是人口规模，转化为用地规模时，要考虑到容积率的不同，具体反映为人均居住区用地指标的不同，一般认为：经济型小区，人均居住区用地指标为13m²／人，则其理想的用地规模为9公顷；康居型小区，人均居住区用地指标为22m²／人，则其理想的用地规模为15公顷；享受型小区，人均居住区用地指标为34m²／人，则其理想的用地规模为24公顷。

对于老年住区，目前多为高端产品，属于享受型小区，“复合集约型”老年住区应至少是中端到中高端，属于康居型小区。并且需要注意，由于老年人认知能力与参与度有所下降，规模（人口规模与用地规模）还可适当有所减小。

（4）生理安全层面

①老年人出行活动尺度范围

由于老年人身体机能的下降，活动范围会有所缩小，像住宅周围的院落空间、住宅入口、宅间绿地，组团绿地等区域是老年人日常生活中使用频率最高和停留时间最长的室外场所（即“老年人基本生活活动圈”），它以家庭为出行中心，其活动半径较小，约在180～220m，也就是老人3～5分钟的步行距离（老年人的平均步行速度为53m／分钟）。在这一尺度范围内活动，老人容易产生信赖感、安全感和亲切感，其主要交往对象是亲友或其他家庭成员、邻居等。可将180～220m作为“复合集约型”老年住区中老年人集中居住部分（CCRC部分）的服务半径，求得其用地面积为3.14×（180～220）m²，即10.2～15.2公顷。

再将老年人出行活动的尺度范围扩大一些，便是老年人长期生活与熟悉的地方(即“扩大邻里活动圈”)，在此范围中，老年人前往聚集活动的场所时常会受到其自身文化、情趣、爱好和习惯等的制约，其活动半径一般不大于450m，适合老年人10分钟的疲劳极限距离，对应的用地面积为3.14×450m²，即63.6公顷，我们可将这一数值作为整个“复合集约型”老年住区（包括老年集中居住部分与普通常态居住部分）用地规模上限值的参考依据之一。

当然实际操作时很少有圆形地块的情况，用此种方法得出的规模只是一种理想状态，我们可以将其作为一项重要参考。

②交通安全

如果在一个小区内，有城市道路穿过，这样既不利于小区内居民生活的安全，又容易产生交通噪音与尾气排放，不利于居民的休息与健康，对于老年人则更为明显，所以老年住区内最好没有城市道路穿过，但是如果老年住区的用地规模过大，超过了规划规定的一个城市路网地块的大小，那么就势必要有城市道路穿过，因此，对于老年住区的用地规模往往要小于一个路网单元的占地面积。

城市路网的间距越小，交通联系就越方便，但是却会造成城市用地不经济，增加建设投资，对于其大小的规定，各国有所不同，北美国家一般为800m，欧洲国家一般为500～600m，我国一般为400～500m。如果将一个城市路网单元的地块形状看做方形的话，那么我国一个城市路网单元的占地面积一般就为16～25公顷，所以老年住区的用地规模最好不要超过这一数值。此外，越靠近城市中心，交通压力相对就越大，城市路网间距就应该越小一些，反之亦然。所以对于最好将选址选在城市边缘区的老年住区，其用地规模会相应扩大些，但也一般小于25公顷。

（5）公服配套层面

为了使老年人的生活舒适方便、多姿多彩，要求在老年住区内配置各种公共服务设施来为老年人提供多种类型的为老服务，即老年住区相比普通住区，其公共配套设施所占的比重要大一些，这就要求“复合集约型”老年住区的人口或用地规模必须与之相对应。一方面，住区的规模过小不利于医疗护理、娱乐活动等设施的经营与有效利用；另一方面，如果规模过大，就要相应提高配套设施的规模，加大建设投资，同时也不利于配套设施的管理运营。举个例子，如果为10名老人配一座社区医院，医院里设施匮乏，运营举步维艰；为100名老人配置社区医院则恰到好处，如若这个医院要服务10000名老人，那么以其等级显然无法满足，若将其规模扩大，建一个高等级的医院，则属于该地区或城市职权范围内要解决的问题，硬要实施这一项目，既会增大建设成本，还增大了其后期的运营难度。所以说，老年住区的这个规模要适中，根据一般经验，建议人口规模在3000～10000人，用地规模在10公顷左右。此外，较齐全的公共服务设施会要求大量的运输与停车，而解决住区内停车问题的最好办法就是缩小规模。

为老服务中有很重要一项就是医护服务，在这里要重点探讨一下。要提供较为直接的医护服务，这就要求老年住区中需要配备相应的医疗护理设施，如前面所述，只有达到一定规模才能充分发挥资源配置的规模效应，一般认为200床规模作为其下限值；从方便管理和确保服务质量角度出发，建设规模不宜过大，一般把500床规模作为上限，300床规模较为适中。

（6）社区管理层面

相关资料表明，对于住宅建筑面积小于4万㎡的居住小区（约400～600户）不宜实行物业管理，若按容积率1.9计算，住区的用地规模应大于2.5公顷。对于“复合集约型”老年住区，其容积率可按多层计算，一般多层住宅的容积率为1.2～1.8，取平均值1.5，则用地规模应大于3.2公顷。

当然，规模过大，便会导致目标人群得不到全面、高效、优质的服务管理。独立的物业公司能够承担的单项物业服务面积（建筑面积）如表3.6所示，在“复合集约型”老年住区中，可将老年人集中居住部分（CCRC部分）按多层住宅算，普通常态居住部分（AAC部分）按高层住宅算。

表3.6 独立的物业公司能够承担的单项物业服务面积

Table 3.6 Separate property company can afford the individual property service area

等级分类	多层住宅（万m^2）	高层住宅（万m^2）	别墅（万m^2）	办公楼、工业厂房等（万m^2）
一级	200	100	15	50
二级	100	50	8	20
三级	—	—	—	—

资料来源：网络

（7）住区建设层面

①住区开发

老年住区建设对发展商资金实力要求很高，其总成本投入约为普通住区建设的4~5倍，建设周期较长，短期内不能快速回现，后期运营成本也很高。所以可以将老年住区的规模缩小，这样有利于老年住区的开发运作。一般10公顷左右的住区，2～3年即可建成，有利于市场运营、减小投资压力、见效快、不断调整开发目标。此外，还可以采用分期开发的方式。一般多层住宅开发项目应以5～6万m²建设量为一个周期；一般高层住宅开发项目以8～9万m²建设量为一个周期比较合适，一个建设周期为一年半左右（包括室内装修）。

②社会整合

小规模有利于城市居住空间分化情况下的社区整合，较小的同质规模依然能保持较大范围的城市地域的异质化，从而有利于避免城市社会问题（主要指居住分异现象）产生的可能性。当然，对于老年人而言，社会空间分异现象较弱。

3.4.2 国外及国内现有老年住区的规模

（1）国外对老年住区规模的控制

在确立我国“复合集约型”老年住区的规模之前，先来看看国外对于老年住区合理规模的思考。美国对于老年住区做了较为具体的规模界定（见表3.7）。从该表中我们发现，中小型规模的老年住区（尤其是持续照护型老年住区）用地面积在20公顷以下。

此外，根据美国建协有关的设计指南建议，老年住区较合理的居住规模为300～400户。这一规模的确立，充分考虑了配套服务设施的经济性、养老资源的利用率、老年人的心理认知与社区交往等因素，对于我们研究“复合集约型”老年住区的规模具有一定的参考价值。

表3.7 美国老年住区规模界定

Table 3.7 The scale of elderly residential area in America

		小型	中型	大型
休养型退休社区（AAC）	居住单元数	≤300个	301～1500个	≥1501个
	用地规模	约17.63公顷	约115公顷	约650公顷
持续照护退休社区（CCRC）	居住单元数	100～200个	200～400个	≥401个
	用地规模	6.2～8.2公顷	8.2～20公顷	≥20公顷

资料来源：《老年居住建筑》（J·戴维·霍格伦 著）

（2）我国现有老年住区的规模统计与分析

表3.8是对我国当前部分已开发的老年住区规模的统计表。从该表中可以看到，早期大部分老年住区规模都偏大，在40公顷以上，近年新开发的规模有缩小趋势，多在20公顷左右。规模过大会引起诸多问题：①增大建设量，投资额会增多，风险增大；②居住人口会相对增加，进而导致配套服务设施规模和比重的增大，建设成本相对提高；③易造成老人认知能力下降、使用配套设施距离增大、与周边社会环境相隔离，不利于老年人的居住生活。所以我们建议新开发的老年住区规模要适当缩小。

表3.8 我国部分已开发老年住区规模统计

Table 3.8 Scale statistics about some developed elderly residential area in China

项目名称	建设时间	用地规模	容积率
北京太阳城	2001年	42公顷	0.64
北京东方太阳城	2003年	234公顷	0.29
四川成都金色怡园	2004年	13.33公顷	1.50
台湾长庚养生文化村	2004年	34.32公顷	1.50
上海绿地21城·孝贤坊	2005年	266.7公顷	0.79
辽宁沈阳听雨观澜	2005年	7.1公顷	0.66
上海亲和源	2005年	8.4公顷	1.19
北京汇晨老年公寓	2007年	9.8公顷	0.40
杭州金色年华	2008年	17公顷	0.59
北京将府庄园	2009年	38公顷	0.16
山东龙口老年养生谷	2010年	9.38公顷	0.40
北京民福桃园老年社区	2011年	39公顷	0.26
湖南长沙老年生活示范城	2011年	23.3公顷	3.00
天津卓达太阳城	2011年	27.5公顷	1.47

3.4.3 规模的确立

3.4.3.1 计算推导

考虑上述影响老年住区规模的七个层面因素，并结合国内外对老年住区实例的规模控制与现状分析，我们从服务管理角度入手对“复合集约型”老年住区的规模进行计算推导：

（1）关于用地规模：

1）老年人集中居住部分：

①下限：管理服务规模为200床，即需要照护的老人数为200人（即介助、介护老人数200人）

∵自理老人占老年人总数的80%，介助、介护老人占总数的20%；老年人口与非老年人的比例取3：1

∴老年人总数为200人÷20%＝1000人，非老年人数为1000人÷3＝333人

老年人集中居住部分总人口数为1000人＋333人＝1333人

∵人均住宅建筑面积可取35m^2／人（考虑到国家给出未来（2020年）小康居住标准为人均居住面积35m^2，且此值恰在老年人居住建筑最低面积标准规定的老年住宅30m^2／人与老年公寓40m^2／人之间）

∴所需的总住宅建筑面积为1333人×35m^2／人＝46655m^2≈4.67万m^2

资料与调查问卷显示，老年人适宜并愿意居住的层数一般为≤4层，但考虑复合特征，引入年轻要素，老年人集中居住部分的住宅层数可按多层计算

∵多层住宅层数在4～6层，考虑集约特征，取上限值6层

∴住宅基底面积为＝4.67万m^2÷6≈0.78万m^2

∵老年人建筑基地内建筑密度应≤30%（规范规定）

∴住宅基底面积／住宅用地面积≤30%，即0.78万m^2／住宅用地面积≤30%

∴住宅用地面积≥0.78万m^2÷30%＝2.60万m^2

又∵居住用地平衡控制指标中规定居住小区的住宅用地占居住总用地的55%～65%，取上限值65%

∴老年人集中居住部分的居住总用地面积≥2.60万m^2÷65%＝4.00万m^2

②上限：管理服务规模为500床，即需要照护的老人数为500人

则老年人数为500人÷20%＝2500人，非老年人数为2500人÷3＝833人

老年人集中居住部分的居住总人口数为2500人＋833人＝3333人

同样，人均住宅建筑面积取35m^2／人

∴所需的总住宅建筑面积为3333人×35m^2／人＝116655m^2≈11.67万m^2

同理，住宅层数取6

∴住宅基底面积为＝11.67万m^2÷6≈1.95万m^2

∵老年人建筑基地内建筑密度应≤30%

∴住宅基底面积／住宅用地面积≤30%，即1.95万m^2／住宅用地面积≤30%

∴住宅用地面积≥1.95万m^2÷30%＝6.50万m^2

又∵居住用地平衡控制指标中规定居住小区的住宅用地占居住总用地的55%～65%，取下限值55%

∴老年人集中居住部分的居住总用地面积≤6.50万m^2÷55%≈11.82万m^2＜15.2万m^2（老年人基本生活活动圈的上限面积）

综上，老年人集中居住部分用地面积为4.00～11.82万m^2

2）普通常态居住部分：

对于当前我国居住区的容积率，别墅一般是0.4～0.8，多层一般做到1.2～1.8，高层一般为2.0～4.0。我们引入普通常态居住部分主要表现为老年住区平均容积率的增大，一般按多层计算，取平均值1.5；而普通常态居住部分应为高层，取平均值3.0；老年人集中居住部分，根据规定容积率要≤0.8，取上限0.8

若设老年人集中居住部分用地面积为A，普通常态居住部分用地面积为B

则有（0.8A＋3.0B）／（A＋B）＝1.5

0.8A＋3.0B＝1.5A＋1.5B

1.5B＝0.7A

∴B／A＝0.7／1.5≈3／7

即普通常态居住部分用地面积与老年人集中居住部分用地面积之比为3：7

又∵老年人集中居住部分用地面积为4.00～11.82万m^2

∴普通常态居住部分用地面积为（4.00～11.82万m^2）×3／7，即1.71～5.07万m^2

∴“复合集约型”老年住区的总用地面积为5.71～16.89万m^2

这个数值5.71～16.89万m^2，＜25万m^2（我国城市路网单元占地面积上限值），＜50万m^2（以人的尺度确立的理想的居住小区规模），＜63.6万m^2（扩大邻里活动圈的面积），且＞3.2万m^2（易于实行物业管理的多层住宅用地规模下限值）

综上所述，“复合集约型”老年住区的用地规模为5.71～16.89万m^2，约5.7～16.9公顷

（2）关于人口规模：

“复合集约型”老年住区应当属于康居型小区，并根据《城市居住区规划设计规范》中的人均居住区用地控制指标，可将“复合集约型”老年住区的人均居住区用地定为22m^2／人

∵“复合集约型”老年住区的总用地面积为5.71～16.89万m^2

∴“复合集约型”老年住区的总人口数为（5.71万m^2～16.89万m^2）÷22m^2／人，即2595～7677人，约为2600～7700人

（3）较理想状态：

管理服务规模为300床，即需要照护的老人数为300人

则老年人数为300人÷20%＝1500人，非老年人数为1500人÷3＝500人

老年人集中居住部分的居住总人口数为1500人＋500人＝2000人

同样，人均住宅建筑面积取35m^2／人

∴所需的总住宅建筑面积为2000人×35m^2／人＝70000m^2≈7.00万m^2

同理，层数取6

∴住宅基底面积为＝7.00万m^2÷6≈1.17万m^2

∵老年人建筑基地内建筑密度应≤30%

∴住宅基底面积／住宅用地面积≤30%，即1.17万m^2／住宅用地面积≤30%

∴住宅用地面积≥1.17万m^2÷30%＝3.90万m^2

又∵居住用地平衡控制指标中规定居住小区的住宅用地占居住总用地的55%～65%，取平均值60%

∴居住总用地面积≤3.90万m^2÷60%＝6.50万m^2

∴老年人集中居住部分用地面积为6.50万m^2

∴普通常态居住部分用地面积为6.50万m^2×3／7，即2.79万m^2

∴较理想的“复合集约型”老年住区的用地规模为9.29万m^2，约9.3公顷

较理想的“复合集约型”老年住区的人口规模为9.29万m^2÷22m^2／人＝4223人，约4200人

（4）关于住区的老龄化率

①当管理服务规模为200床时，

老年人集中居住部分的老年人总数为1000人，老年人集中居住部分的居住总人口数为1333人，住区总人口数为2600人，那么普通常态居住部分的居住总人口数为2600人－1333人＝1267人，而对于普通常态居住部分的老龄化率可按项目当地未来5～10年内的人口老龄化率预测值，在这里取全国的平均情况20%，那么普通常态居住部分的老年人数为1267人×20%≈253人

所以，住区内的老年人总数为1253人，老龄化率为1253人÷2600人≈48.2%

②当管理服务规模为500床时，

老年人集中居住部分的老年人总数为2500人，老年人集中居住部分的居住总人口数为3333人，住区总人口数为7700人，那么普通常态居住部分的居住总人口数为7700人－3333人＝4367人，同样，普通常态居住部分的老龄化率取20%，那么普通常态居住部分的老年人数为4367人×20%≈873人

所以，住区内的老年人总数为3373人，老龄化率为3373人÷7700人≈43.8%

③当管理服务规模为300床时，

老年人集中居住部分的老年人总数为1500人，老年人集中居住部分的居住总人口数为2000人，住区总人口数为4200人，那么普通常态居住部分的居住总人口数为4200人－2000人＝2200人，同样，普通常态居住部分的老龄化率取20%，那么普通常态居住部分的老年人数为2200人×20%≈440人

所以，住区内的老年人总数为1940人，老龄化率为1940人÷4200人≈46.2%

我们可以看到“复合集约型”老年住区的老龄化率在45%左右，这个数字要大于我国在重度老龄化阶段（2050～2100年）的人口老龄化预测值31%，所以说“复合集约型”老年住区的建立对于帮助社会缓解人口老龄化所带来的居住问题是起到一定积极作用的。

3.4.3.2 结论

根据上述推导计算，我们建议：

“复合集约型”老年住区的用地规模：5.7～16.9公顷，较理想为9.3公顷。

人口规模：2600～7700人，较理想为4200人。

3.5 “复合集约型”老年住区的服务管理模式

“老年住区”作为新型社区养老模式的一种载体，在某种意义上与养老机构一样，要为居住在其中的老年人提供相应的服务与管理，如果将“房子与其他环境要素”看做是老年住区的硬件设施，那么“服务与管理”就相当于老年住区的软件配套，两者缺一不可，对老年人来说，甚至软件的服务管理更多影响其生活居住，所以本节将从一般意义上的社区服务与管理入手，充分考虑当前养老机构的服务管理方式和已有老年住区服务管理的相关案例，最终提出“复合集约型”老年住区的服务管理模式。

3.5.1 社区服务与管理概述

首先在这里需要说明一下，对于“住区”这一名词主要是对应建筑学层面，而在研究服务与管理时，属于社会学概念，学术上习惯用“社区”这一名词与之对应，因此本小节也将“住区”用词改为“社区”。

3.5.1.1 社区服务

社区是一种以一定地缘关系为纽带的居民生活共同体。社区服务是指政府、社区居委会以及其他各方面力量直接为社区成员提供的公共服务和其他文化、生活等物质与精神方面的综合性服务。

社区服务具有“福利性”和“经营性”的双重属性，相关学者认为应该对社区服务进行区分，为不同的服务对象提供性质不同的服务。对特殊群体提供福利性服务，对普通居民提供经营性服务。

普遍情况下，社区会根据服务对象的不同及服务需求的多样化，采取无偿、无偿与有偿相结合、有偿三种服务方式，并建立福利性服务与经营性服务两种服务机制。这样既可以有效解决服务资源短缺问题，又可以拓展服务范围、提高服务质量，最大限度满足居民的各种服务需求。但是如果过分强调社区服务的“经营性”属性，就会将社区服务完全等同于市场服务，这就模糊了社区服务组织与市场组织之间的功能差别，在社区服务组织功能与目标上极易造成“社企不分”，进而带来管理上的混乱和不规范等问题。

当然这并不是说社区服务就不能走市场化道路，相关学者认为，最好应该走专业化道路与市场化道路结合之路，即社会化道路，用社会化的办法来解决社区服务中的管理、经费和设施等问题。在服务主体上，强调各种社会力量共同参与，而非只由政府独自承担；在服务对象上，强调以弱势群体为重点服务对象，同时面向社区全体居民；在服务经费上,强调多渠道筹集服务资金。社区服务走社会化道路：①有利于社会资源的整合，解决社区服务资源不足的问题；②有利于实现有偿与无偿服务的结合，发挥社区服务的社会保障功能和便民利民功能；③有利于兼顾民政服务对象与广大居民，扩大服务对象；④有利于在满足居民普通需求的同时,提高服务的质量与水平。这目前已是普遍被认可采纳的。

对于社区服务的管理则主要体现在制度管理、规划管理和组织管理三个方面。制度管理，是指在社区服务的发展过程中，通过政策、法规和相关规章制度的制定与实施，对社区服务进行指导、规范、协调和监督，使之走上法制化发展轨道，它是社区服务良性运行的重要保证。规划管理，是指根据社区的地理状况、人口状况、居民需求等，确定社区服务发展的目标、内容、实施步骤和具体措施，通过综合考虑社区服务发展的长远目标和近期目标、服务设施的布局和规模、服务项目和标准，达到整合社区服务资源、完善社区服务体系的目的，它是社区服务管理的一项重要内容。组织管理，是指对我国社区中实施社区服务管理的组织的管理，组织主要有三类：包括政府及有关职能部门的行政组织、包括社区服务中心、社区救助中心等机构的服务组织和包括社区管理委员会及社区中从事社区服务的各种社会团体的社区组织。

老年住区的社区服务应为福利性与经营性两种服务机制相结合的定位，走社会化的道路，专业化倾向。社会效益是方向，经济效益是手段。

3.5.1.2 社区管理

社区管理包含两层含义：一方面是在技术层面上，是指在社区内部，社区组织、社区居民对社区事务的处理，甚至包括公众参与活动和参与决策过程；另一方面是在宏观层面上，是指中央政府通过税收、财政支出、立法、司法、行政等方式对社区发展的支持、指导等，它包括相关社会政策的研究、制定、实施、评估等在内的整个过程。简言之，社区管理主要指一定的社区内部各种机构、团体或组织为了维持社区的正常秩序，促进社区的发展和繁荣，满足社区居民的物质和文化活动等特定需要而进行的一系列的自我管理和行政管理活动。

社区管理是一种在区域范围内进行的自治性社会管理活动，它集中体现社区居民的意愿，反映社区居民的需要，动员社区居民的力量，满足社区利益需求。就其内容而言，社区管理涉及社区服务、社区卫生、社区文化、社区治安、社区经济等多方面，社区管理活动的科学与合理能够保证社区服务有效供给，促进社区卫生事业健康发展，推进社区文化素养快速提升，维护社区治安稳定，增强社区经济实力。

“社区管理模式”的探讨是当前研究社区管理问题的重要内容，根据社区管理活动的主体不同，社区管理模式可以概括为以下四种类型：

①政府主导型

这种管理模式是以政府为核心，在现阶段主要是以城市区人民政府下派的街道办事处为主体，在居委会、中介组织、社会团体等各种社区主体的共同参与配合下对社区的公共事务、社会事务等进行管理，其实质是为强化基层政府的行政职能，通过对政治、社会资源的控制实现自上而下的社会整合，社区管理范围一般为原街道行政区域。但是这种政府办社会的方式，由于有“全能政府”、社区“单位化”之嫌，抑制民间活力，从而降低政府工作效率，增加政府财政负担。

②市场主导型

即通常所说的“物业管理模式”。从1981年第一家物业管理公司成立至今，迅速发展壮大。虽然这一管理模式还不够成熟，其结构体制和运行机制还存在许多不完善的地方，但从当前发展态势来看，它已经成为城市社区居民日常生活中一种重要依托。其实质是引入市场竞争机制，但它毕竟不能覆盖小区中的社会管理和行政管理，还不能说是一种完全意义上的社区管理，其地域的范围一般只为封闭性的小区。

③社会主导型

又可称为社区居民自治模式，主要是指以社区居民为核心，联合社区内各种主体组织、机构，共同参与社区事务的管理，实行真正的民主自治管理的一种模式。这种模式以沈阳市社区体制创新——自治性模式为代表。这种模式能够调动社区居民广泛参与社区事务的积极性，使社区居民真正成为社区的主人，管理自己的事务，有利于激发社区居民的认同感与归属感、增强其成就感与责任感；从经济角度看，它还是管理成本较低、管理效率较高的一种管理模式。但是从现阶段社区管理实践看，离开政府的引导，离开法律的规范，社区自治有流于形式、纸上谈兵之嫌。

④企业主导型

这种模式形成于计划经济时代，是“单位制”模式和企业办社会的遗留，企业对社区内各种设施包括房产、学校、娱乐设施等基础性设施享有所有权，在政府有关部门的参与下，企业直接或间接行使社区经济管理职能，随着我国市场经济的发展，这种模式越来越不适应，目前已很少采用。

3.5.2 养老机构的服务管理模式与既有老年住区的相关做法

3.5.2.1 养老机构的服务管理模式

以上关于住区（社区）服务与管理的相关内容的简单描述，对老年住区的服务与管理自然有很大的借鉴作用，但是顾名思义老年住区还有其“老年”这一特性，因此我们还应考虑养老机构的服务管理情况。

说到养老机构如养老院、敬老院等的服务管理，在相关的行业标准与国家规范中会提到“养护单元或护理单元等”这样的名词，实际上是把一个大的管理服务系统按照适宜的管理服务尺度划分为几个小的服务管理系统，即护理单元，采用这样“总—分”的结构既有利于被护理人员（入住老人）得到直接、贴心的服务管理，还有利于养老机构内有限的人力、物力资源的有效配置与利用。

养老机构的这种以“护理单元”为基础的“总—分”二级式服务管理模式非常直观地反映在了其建筑的平面布局上，例如图3.3为费城新教徒之家的帕斯维养老院的平面图，从图中我们可以看到有三个基本相似的环状空间组织结构，每一个就是一个护理单元。从单元功能属性上看，有的养老机构的每个护理单元护理的老年人健康程度基本相似，

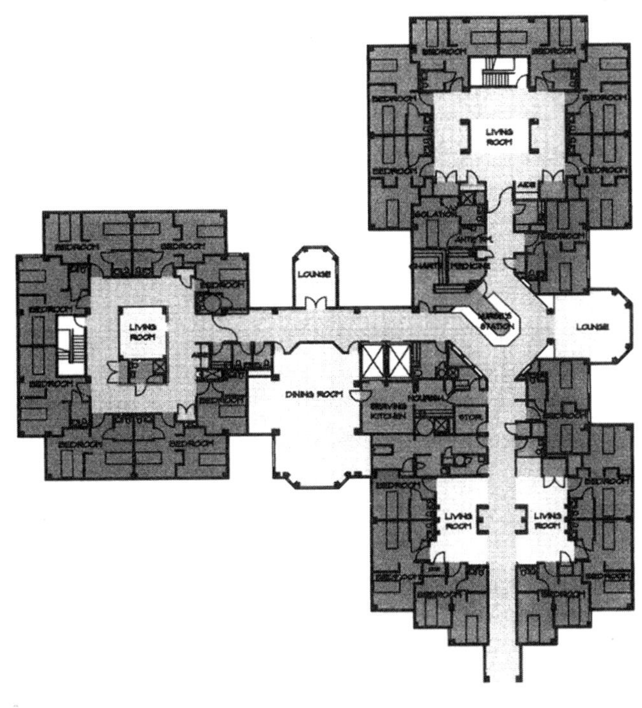

图3.3 费城新教徒之家帕斯维养老院平面

Fig. 3.3 Philadelphia Protestant House Pasi Wei nursing home plan

图片来源：《老年公寓和养老院设计指南》（美国建筑师学会 编）

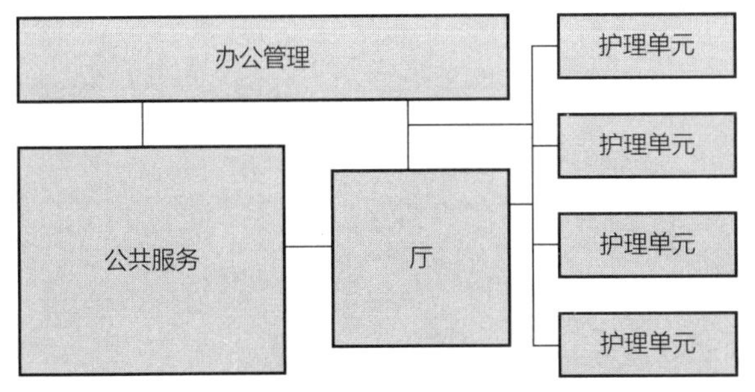

图3.4 一般养老院功能关系示意

Fig. 3.4 Schematic of general nursing homes functional relationships

我们可将其称之为“同质型单元”；有的养老机构将不同身体状态的老年人分属到不同的护理单元中去，比如自理型护理单元、介助型护理单元和介护型护理单元等，我们可将其称之为“异质型单元”。从单元布局位置上看，有的养老机构以水平向分布各护理单元，还有的养老机构以竖直向布置各护理单元。总之，我们可以用图3.4的形式来表达一般养老机构的功能关系图，这是对其服务管理模式的表观反映。

3.5.2.2 既有老年住区的相关做法

那么我国目前已开发的既有老年住区，其服务管理模式是什么样子呢？仅据我们调查参观和收集的相关资料来看，这些既有老年住区的服务管理模式可以分为三类——养老机构模式、普通住区模式和住构分离模式。

（1）养老机构模式

目前已有较多老年住区普遍采用的服务管理模式，比如说上海亲和源、北京太申祥和山庄、杭州金色年华等等，在开发商眼里它们并不是一种居住区，而是一个新型的养老院，所以采用的服务管理模式与一般养老机构采用的以“护理单元”为基础的“总—分”二级式服务管理模式没有本质上的变化。以上海亲和源为例，如图3.5，它虽然说是集居家养老与机构养老于一体的会员制住区，有老年公寓12栋，但实际上住在公寓里的老年人和在养老院里的老年人感受并无多大差别，仍然有总的服务管理机构，每栋楼下设管理站，对老年人进行服务管理，只是居住的环境更接近普通住宅楼，布局上更接近普通住家（如图3.6所示），但感觉上却缺乏家庭的自在舒适，这主要是因为其服务管理模式并没有多大改变，不过亲和源提出“需要时就出现、不需要时则消失”的“管家式”服务在一定程度上起到了弥补作用。虽然像亲和源这样的老年住区可能在服务管理等方面

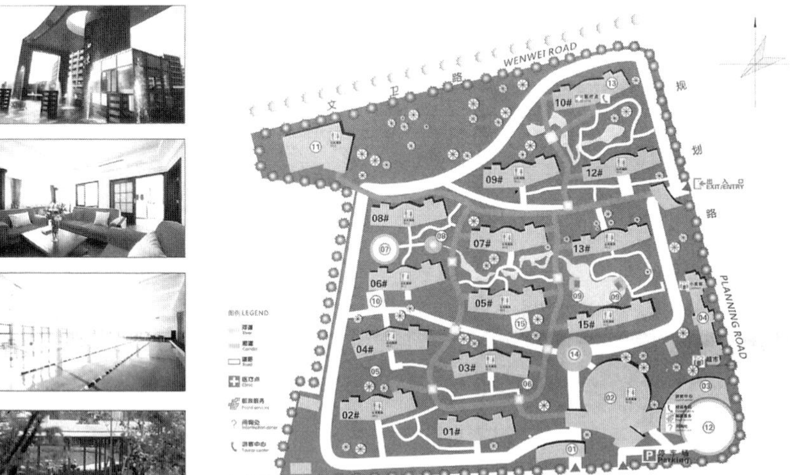

图3.5 上海亲和源总平面图

Fig. 3.5 Shanghai Qinheyuan site plan

还存在一定不足，但还是非常值得我们借鉴的，我们也充分意识到老年住区采用优化后的养老机构模式将是我国未来发展的大方向。

（2）普通住区模式

顾名思义，这种模式和普通小区并无很大差异，多为物业管理，开发商可能只是在居住环境的品质上、住区医院的配置与服务上比普通住区更增大投资。从调研的情况看，采用这种模式的老年住区为数不多，代表性的是沈阳香格蔚蓝的听雨观澜（如图3.7），与其说它是一个老年住区，倒不如说它更像一个较为适宜有钱老年人居住的豪华别墅区。但值得我们注意的是，普通住区的服务管理模式更能给老年人带来和谐亲切的居家氛围。

（3）住构分离模式

所谓住构分离模式，就是指在某老年住区内有两大部分，一部分为主要针对介助介护老人的老年公寓，相当于住区内有一个养老院，采用的模式自然是养老机构模式；另一部分为主要针对自理老人的普通住宅，其采用的是以物业管理为主的普通住区模式，但是在同一个住区内，这两种模式彼此分离、互不干扰，有的也有物业管理服务全区，而为老服务只作用于老年公寓部分。这种服务管理模式典型代表就是北京太阳城（见图3.8），其分为三部分居家型老年公寓（包括住宅公寓区与别墅区，老人占总

图3.6 上海亲和源某样板间
Fig. 3.6 Shanghai Qinheyuan showroom

图3.7 沈阳听雨观澜沙盘模型
Fig. 3.7 Shenyang Tingyuguanlan sandbox model

图3.8 北京太阳城鸟瞰效果
Fig. 3.8 Beijing Sun City bird's-eye effect
图片来源：北京太阳城官网

老人数的60%～70%），由物业公司管理；介助介护式老年公寓（老人占总老人数的10%～20%）、高端全程性老年公寓，相当于养老机构；度假式老年公寓，供临时居住使用，相当于酒店管理模式。这种彼此分离，有助于养老机构部分的针对性、高效化服务，但也会在一定程度上造成资源的部分浪费。

此外，在上面文字中我们还提到了酒店管理模式，并在本章第2节用地属性中也提到对于老年公寓可以采用产权式酒店的方式经营运作，这部分内容更倾向于住区的经营层面，我们将在下一节中做详细论述。

3.5.3 服务管理模式

我们从一般意义上的社区服务与管理入手，充分考虑当前养老机构的服务管理方式和已有老年住区服务管理的相关案例，结合“复合集约”的基本构想，最终提出“复合集约型”老年住区的服务管理模式，主要体现在以下三方面：

3.5.3.1 住区与养老机构的复合相融

普通小区一般都是分级的，从大到小有居住区级、居住小区级、居住组团级，甚至还有更小的次组团级等等，于是我们思考：能否将普通住区中的小尺度居住单位（假定为居住组团），与前面我们提到的“护理单元”相对应，使得住区与养老机构彼此复合相融，如图3.9所示，将养老机构的服务管理结构作用于整个住区，二者的界限模糊化，住区就相当于一个扩大了的养老院（养老机构），住区的每个组团就是养老机构中的每个护理单元。

这与上面我们说的采用养老机构模式的既有老年住区还有所不同。采用养老机构模式的既有老年住区只是总体上是养老院的服务管理模式，并没有将“护理单元”的概念与“居住组团”概念相对应，这样其在具体的资源配置（包括物力和财力）上并没有做到养老院那样高效节约。

此外，考虑到自理老人会慢慢变成介助介护老人、居住环境的常态化以及彼此之间的相互照顾，对于“复合集约型”老年住区的“护理单元”（称为“混住细胞”），我们认为应该属于同质型单元，而每个单元内包括自理老人、介助老人和介护老人，甚至还有部分年轻人。

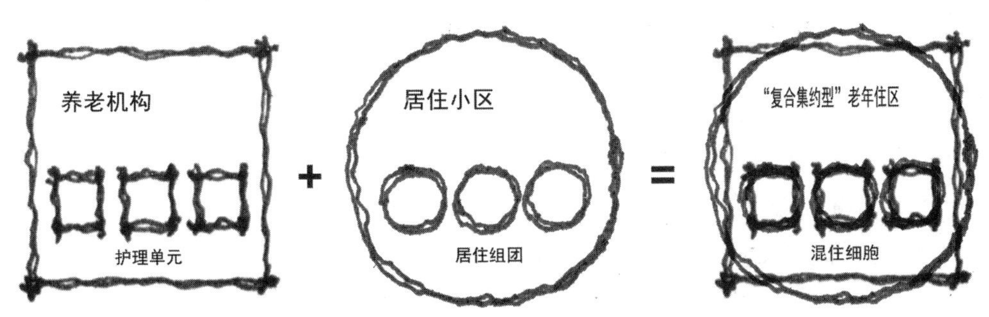

图3.9 “复合集约型”老年住区的“住构相融”模式
Fig. 3.9 "S-M" mode of "Complex-intensification" Elderly Residential Area

相关标准建议每个护理单元的适宜规模为40～75床，这样我们可以粗略控制“复合集约型”老年住区的每个居住组团规模。具体操作如下：可控制组团内现有介助介护数为40人，由于按照正常情况下自理与介助介护的比例关系为4：1，所以可以得到自理老人数为160人，并且这160人将来转化为介助介护的老人数为160人÷4＝40人，于是未来居住组团内的介助介护老人数为还活着（或还住在这里）的原介助介护老人数与新转变为的介护介助老人数之和，假定仍居住在此地的介助介护老人数为原来的90%，那么未来组团内可容纳的介助介护老人数为：40人×90%＋40人＝76人≈75人，为相关标准建议的上限。依此可以进行具体的服务管理人员与相关服务设施的配置。

当然，此部分论述主要针对“复合集约型”老年住区的老年集中居住部分。

3.5.3.2　小封闭、大开放

我国现在一些住区往往采用封闭式的管理，这样虽然会相对提高住区环境的安全性，但也使得住区内环境与住区所在的社会外环境隔离开来，甚至会造成住区活力的丧失，这对于需要交往的老年人而言尤为不利，所以我们认为“复合集约型”老年住区在大范围上应该是相对开放的，这不仅对老年人自身生活交往有利，在某种程度上还有利于住区服务设施的扩大使用，使得资源更好地被利用。

但是应该充分认识到，安全、安静的生活环境是老年人所向往的，过于开放的住区对他们不利，所以我们又提出“复合集约型”老年住区在小范围上又应该是相对封闭的，这样的界限会给住区内的居民建立安全感，老年人则更愿意将其理解为一种归属感。

综上，“复合集约型”老年住区采用的是“小封闭、大开放”的管理模式，但是达到什么程度采用开放、小到什么范围又实行封闭呢?“大”的程度就可以是整个住区，而“小”的范围我们刚好可以与前面提到的“护理单元（居住组团）”相对应。这样，我们就可以实现住区在整体上开放，而在组团范围内实行封闭管理，达到既安全、安静又利于交流使用的目的，不过还要说明一下，这里的封闭与开放都是相对概念，封闭不意味着一个人都不能出去，开放也不意味着任何人都能进来。

3.5.3.3　以市场为主导的老人、服务与管理一体化

“复合集约型”老年住区的服务管理模式还有重要的一个内容就是以市场为主导的老

人、服务与管理一体化，对此有以下两个层面含义：

(1) 以市场为主导

在“复合集约型”老年住区中下设大的服务管理公司，按市场导向进行运作，其职能主要包括普通物业管理职能与为老服务职能两大方面，普通物业管理职能面向全部住区，即常态化普通居住区和老年人集中居住区，而为老服务职能主要面向老年人集中居住区但同时兼顾常态化普通居住区，这与像北京太阳城这样住区的住构分离模式不同，在这里我们“分而不离”，让常态化普通居住区内的居民仍可享受部分为老服务及设施。

(2) 老人、服务与管理一体化

所谓老人、服务与管理一体化，是指在适老以及适应市场开发的前提下，服务内容与管理职权由地方政府领导、街道办和居委会监督、服务管理公司执行，并让住区内老人参与到部分管理与服务中去，将管理、服务和老人三方综合一体化考虑的组织结构与运行机制，如图3.10所示。

1）服务与管理一体化

正如亲和源提出的“管家式”服务，对老年人的管理实际上就是对老年人的一种服

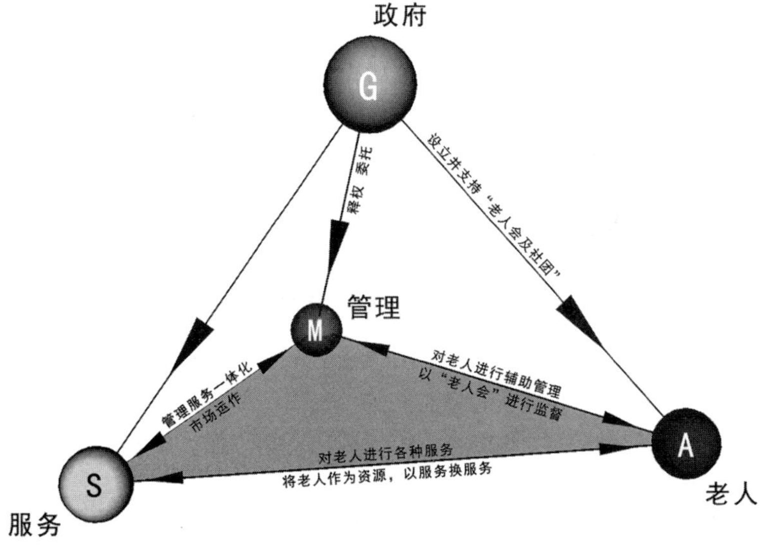

图3.10 “复合集约型”老年住区的“老人、服务与管理一体化”模式
Fig. 3.10 "Aged, service and management integration"mode of "Complex-intensification" Elderly Residential Area

务，服务与管理是密不可分的。如果非要将管理与服务分开来谈，就会使得服务缺乏一定的力度，不利于服务作用的高效发挥；但更为重要的是这样的管理并不人性化，老年人居住于此会感到自身被约束，时刻被监管着。如今很多养老院的现状都是如此，因此老年人对其产生抗拒，不会轻易选择养老院养老的方式。

2）服务与老人一体化

人们往往都认为老年人应该是被服务对象，提供的相应服务要作用在老年人身上，但实际上老年人也可以成为服务对象，去服务其他人，把他们看作一种资源，例如让住区内某已退休的大学教授定期到住区的老年大学去给其他老年人上课。这样做，一方面给老年人提供再工作的机会，让其发挥余热、服务他人，让其获得相当的成就感与满足感，这有利于老年人身心健康；另一方面可以节省一定的资源，充分利用住区资源；甚至老年人可以通过自身服务他人而获得一定的积分，以后可以用这些积分换取其他服务。但是这里也要注意，让老年人去服务他人是可行的，但亦要有个度，不能因此给老年人造成一定的压力。

3）管理与老人一体化

管理与老人一体化，就是指让老年人参与部分的管理、监督工作，这实际上是公众参与下的住区自治的一种具体体现。就像学校那样，住区内可以设置老人会、老人社团联合会等部门，对住区内的相关活动及事宜进行自我管理，并且对服务管理公司的相关职能行使进行监督。这样会使老年人感到自己就是住区的主人，有利于激发他们的认同感与归属感、增强其成就感与责任感，同时这也是一种管理成本较低、管理效率较高的做法。

3.6 “复合集约型”老年住区的运营模式

由于学识专业有限，本节从经营主体与建设主体、盈利模式两大方面简单谈谈“复合集约型”老年住区的运营模式问题。

3.6.1 关于建设主体与经营主体

3.6.1.1 建设与经营主体的关系

老年住区这种产品既不同于其他的工业产品，也不同于普通住宅，首先其需要相关部门或企业投资建设硬件上的设施与环境，这与普通住区的开发建设很相似，但这只是个开始，其还需要相关部门或企业对软件上的服务与管理进行经营运作。只有把建设与经营都做好了，我们才能说老年住区这一产品模型具有实用与使用价值，才能说它具有解决老年人居住与照护问题的功效，才能真正称其为老年住区。所以对于老年住区的建构可以分为建设与经营两个大环节，按其各自属性的不同，我们可以将老年住区分为民办民营、公办民营和公办公营三类。这个比较好理解，“民”主要指企业，为社会力量，就当前情况看主要为房地产开发商；而“公”则主要指政府。在第1章绪论中已经论述本书主要研究范围为“民”的部分，走市场化道路，要适应市场的发展，所以在这里我们只讨论民办民营的情况。那么，从办和营即建设与经营双方主体的关系上又可以进一步细分为以下两方面：

（1）建设与经营主体不同

这是说老年住区这一产品的前期投资建设方与后期经营运作方不是出自一处。大多数普通住区就是这样，开发商只负责住区的初始建设，将后期物业管理的责任移交给专业的物业管理公司，这个物业公司与开发住区的房地产公司往往是两个企业法人，它们不属于同一个集团，只是合作的关系。我们在调研中发现，有的老年住区也有这种情况的，譬如北京太阳城老年住区，其投资建设方为北京太阳城房地产开发公司，而其后期物业管理部分的经营运作方为北京宝氏华商物业管理公司。

由于建设方与经营方主体不同，往往会造成硬件设施与软件服务配合上的不协调，同时如果经营主体在后来改变服务管理的内容与方式，就会造成为老服务不能持续有效地运作，这对居住在其中的老年人是很不利的。但这样可以使前期建设方资金运作链条相对缩短，节约投资成本，同时也减少了某些责任。

（2）建设与经营主体相同

这是说老年住区这一产品的前期投资建设方与后期经营运作方是出自一处。比如上海亲和源老年住区，其投资建设方为亲和源股份有限公司，而其后期的经营运作方为上海亲和源经营管理有限公司，它是亲和源股份有限公司下设的子公司。

投资建设方与经营运作方相同的做法，一般适用于经济实力比较雄厚的开发商。由于双方实际上是一家的，那么在服务管理软件与规划建筑硬件上比较容易做到无缝搭接，更为重要的是，这样有利于为老服务管理的持续有效；此外还会增加住区内居民的安全感。

但是这样做也存在一定的不利之处：第一，会增加开发商的投资成本，并且投资回笼期较长，增加其投资风险，还会承担更多的相关责任；第二，投资建设方一般多为房地产公司，其在物业管理、为老服务等方面并不是很专业，这就可能影响到相关服务与管理的质量。

3.6.1.2 “复合集约型”老年住区建设与经营主体的关系

那么对于“复合集约型”老年住区，在建设与经营主体上尽可能相同，经营主体为建设主体下设的子公司，并且为了弥补前面提到的不足之处，可以聘请相关专业管理服务团队（机构）进行协作经营运作，这与前面论述的建设与经营主体不同的情况不同，专业管理服务团队（机构）并没有经营决策权，所以这样既可保证为老服务与管理的持续有效，也避免了因自身的不专业而带来质量上的问题。

这些问题涉及老年住区产业链的建构与整合问题，前期建设与后期经营恰恰是老年住区产业链的两大环节。在“复合集约型”老年住区这一产品的建构过程中，要以这两大环节为基础，对产业链相关各要素进行整合，开始由房地产开发商组织建设，再由养老服务供应商提供多种多样的为老服务，与此同时还需要相关物业公司的配合，在这里开发商还要发挥好领导作用，最终做到多方资源的无缝搭接。

3.6.2 关于盈利模式

3.6.2.1 两种常见盈利模式

所谓盈利模式，就是企业赚钱的方式。对于老年住区的产品建构，其开始阶段离不开房地产开发的，对于老年住区的后期经营运作，我们建议投资开发商聘请相关专业管理服务团队（机构）进行协作运营，但开发商仍要有经营决策权。所以，老年住区的盈利模式在很大程度上相当于地产项目的盈利模式。那么关于房地产项目的常见盈利模式主要有以下两种类型：

（1）出售模式

这是一般住宅地产采用最多的一种方式，开发商通过房屋的直接销售，将自己手中的房屋产权转让给购房者来赚取利润。这样有利于开发商快速回笼资金，减少投资风险，这对于普通住宅地产是可取的，但是对于老年地产项目，房屋产权一旦全部转让，为老服务难以有效持续，也不利于住区福利性服务的有效开展。

在酒店经营管理方面，有一种产权式酒店模式要重点说一下。所谓产权式酒店，就是指由个人投资者买断酒店客房产权，即开发商将酒店每间客房的独立产权都出售给投资者。每套客房都拥有独立产权，投资者就像购买商品房一样，将客房委托给酒店管理公司以分取投资回报和获取该物业的增值，此外投资者还会得到酒店管理公司赠送一定期限的免费入住权。这样做可以迎合老百姓对不动产投资的理财需求，实际上产权式酒店模式与国外的房地产有限合伙企业、权益性房地产投资基金比较类似。

（2）出租模式

这是一般商业地产常常采用的一种方式，开发商通过房屋的租赁来获取金钱，在居住项目上主要为开发居住公寓这种产品。采用这种模式往往使得资金回笼期较长，这样会相对增加投资风险，开发商由于仍掌握房屋的产权，其可以根据市场的变化相应改变租金，这样比较灵活，但是要求开发商要有高瞻远瞩的眼光。

对于老年住区项目，采用租赁的方式有利于保持住区服务属性的持续不变。从营销角度看，当前已开发的老年住区项目很多都采用会员制的模式。所谓会员制，它是由某组织发起并在该组织管理运作下，通过提供一些利益来吸引客户自愿加入，这些加入会员制组织的客户就称为会员，会员与会员制组织之间的关系通过会员卡来体现，但从会员制组织对其产品的所有权来看，并没有将所有权移交给会员所有，所以其实质还是一种租赁模式。比如上海的亲和源就采用会员制的模式，老年人通过办理会员卡入住，会员卡分为记名会员卡（终身有效）和不记名会员卡（永久权限，可继承可转让），此为入门费，相关收费标准见表3.9。此外，具体相关服务等还需要收取月费。

表3.9 上海亲和源会员卡收费表

Table 3.9 Shanghai Qinheyuan membership card charges

卡种	年限	户型	收费标准	年费标准
A卡（不记名会员卡）	永久（可继承可转让）	小套58m^2	75万元	2.98万元
		中套72m^2		3.98万元
		大套120m^2		6.98万元
B卡（记名会员卡）	终身（15年内可退）	小套58m^2	45万元	2.38万元
		中套72m^2	55万元	
		大套120m^2	88万元	

注：表中收费标准有所改变，具体情况见亲和源官方最新标准。

资料来源：上海亲和源

但是我们要知道对于老年住区采用这种模式也存在一定潜在风险。其一，这种方式存在着制度缺陷，对于会费的收取标准，国家目前没有任何相关法律法规说明，会使投资上具有非法集资的风险；其二，会员费不能用作固定资产，只能用于资金的周转，所以在一定程度上会影响对现有盈利模式的评价。

3.6.2.2 “复合集约型”老年住区的盈利模式

结合上述分析论述，“复合集约型”老年住区的盈利模式应为：租售相结合的模式，以出售为主、出租为辅，出售部分考虑适当采用产权式酒店模式，出租部分可以采用会员制模式。

第4章

“复合集约型”老年住区的设计及表达

第3章“复合集约型”老年住区的建构涉及区位选址、规模控制、服务管理、运营模式等诸多层面，运用建筑、规划、景观等学科领域的方法与手段，设计“复合集约型”老年住区这一居住生活模型，用图示的语言去表达这些看不见摸不着的抽象概念。本章将从功能构成、组织布局与空间设计三大部分进行详细分析论述，并在此基础上绘制“复合集约型”老年住区居住生活模型的总体概念模式图，给出相关指标；最后结合实际地块做一个模拟的示范项目，对“复合集约型”老年住区这一居住生活模型进行具体化表达与验证。在这里还需说明，住区设计包括住区的规划与建筑（及景观环境）的设计两大层面，所以本章标题中“设计”即包含两者。

4.1 “复合集约型”老年住区的设计原则与策略

在具体设计之前，需要遵循一些基本原则，以使设计过程始终围绕它们进行，这样才能保证设计的“复合集约型”老年住区具有鲜明的特色与主题；同时，还要针对前面章节论述的相关问题提出一些较为具体的建筑、规划等层面的设计策略，使我们有一个较为明确的方向来进行“复合集约型”老年住区的设计。

4.1.1 设计原则

对于“复合集约型”老年住区的设计原则，从第1章“复合与集约”构想概念推导时的三个基本立足点（利于中国老人居住、利于市场开发、让更多老人受益）出发，提出“以老人为本”、“兼顾利益与经济”两个基本原则。

4.1.1.1 “以老人为本”原则

“以老人为本”原则是对“适应（中国）老人居住”的反映。“复合集约型”老年住区首先是老年住区，它是为在当前背景下解决老年人居住生活问题而提出的，其根本的服务对象是老人，所以“以老人为本”是在进行“复合集约型”老年住区设计时的第一原则，它具体包括：可持续、常态化、适老化和参与性四个方面。

（1）可持续原则

所谓“可持续”，在这里是指可持续居住。我们在前面常提到老年人随着年龄的增长，自身的身体机能会随之下降，表现为自理、介助、介护三个阶段；同时老年人都有一种“原居安老”的心理，他们对长时间居住过的地方很有感情，不喜欢周围的环境经常发生变动。所以在设计“复合集约型”老年住区时，要遵循老年人对于居住可持续的要求，保证他们不必离开熟悉的环境就能够满足各种需要，保障无论其处于何种身心状态都可以找到自己适合的住宅形式，并得到相应的住区照护服务。

（2）常态化原则

“常态化”就是指专为老年人设计的老年住区要尽量像普通住区一样，在居住生活涉及的诸层面趋于平常化，而非特殊化。如果老年住区过于特殊化，老人会顺其自然地感到自己没有生活在自由自在的“家”里，而是在充满管理、不停地提醒他们已经衰老了的“机构”里，这对于老年人的身心健康是很不利的。所以“复合集约型”老年住区应该与周围社会环境充分融合，自身趋于普通住区，使居住在其中的老年人感觉自己的居住生活环境还是充满活力的，进而维持他们生活的尊严，这就是常态化原则。

（3）适老化原则

“适老化”是指在居住生活细部设计上要适应老年人生理、心理的变化。虽然前面提到不要时时刻刻提醒老年人他们已经衰老（即要常态化），但是毕竟人老身体机能会有所下降，原来没有障碍的地方现在可能变得有障碍了，所以在“复合集约型”老年住区设计时，尤其是对居住生活空间、为老服务设施细部设计等方面，我们要从老年人的生理、心理特征出发，把握适老化原则，进行相关设计。

（4）参与性原则

所谓“参与性”，是指公众参与，尤其是老年人的参与。在“复合集约型”老年住区的设计时，遵循参与性原则，让住区居民参与到住区的环境建设上，这样既能够调动居民的积极性，使居民真正成为住区的主人，同时还有利于激发居民尤其是老年人的认同感与归属感、增强其自身成就感与责任感。

4.1.1.2 “兼顾利益与经济”原则

“兼顾利益与经济”原则是对“适应市场开发”与“让更多老人受益”的反映。在进行“复合集约型”老年住区设计时，要充分考虑这一原则，在满足老年人居住生活的基础上，兼顾项目开发商的利益，使设计的老年住区要适应当前市场的开发，同时还要考虑大多数老年人的购买力，尽量做到经济适用，减少不必要的建设成本。当然，对于“适应市场开发”与“让更多老人受益”实际上在建构策划“复合集约型”老年住区时就已考虑，不过在具体设计时，我们仍然要时刻把握“兼顾利益与经济”这一原则，比如住区空间结构的优化、住宅套型的设计与组合、建筑材料的选择等等，很多方面在建构策划过程中都没有体现。

对于上面提到的两大设计原则，首先要做到“以老人为本”；其次要“兼顾利益与经济”，虽然说新建一个老年住区本就是一个高投资项目，但也要尽量节约其建设成本，这部分通过一些设计上的策略可能达到目的。

4.1.2 设计策略

设计策略是指为实现某一目标而制定的对应设计方案，这里的“方案”不同于我们常规意义上的方案，它并不具体，只是一种模糊的概念，是为了给后续具体的设计指明方向。对于“复合集约型”老年住区的设计策略，是以第1章第2节中提到的三个基本立足点为目标，在已总结的“复合集约型”老年住区特征的基础上，结合第3章关于建构策划的详细论述而提出的，其主要包括规划布局与细部设计两大层面内容。

4.1.2.1 规划布局层面的策略

（1）居住功能构成上的多样性策略，具体包括以下三方面：

①设置普通居住部分（AAC）与老年居住部分（CCRC）

在较宏观的居住功能构成上，“复合集约型”老年住区要设置两大居住功能区——普通居住区（AAC）与老年居住区（CCRC），并且其所占用地面积在3：7左右（本书第3章第4节规模控制中提到）。这既有利于活跃住区的生活氛围，又有助于扩大住区的客群，提高住区的土地利用率。

②设计多种适应不同家庭结构与身体状况老年人居住的套型

在较微观的居住功能构成上，“复合集约型”老年住区要设计适应不同家庭结构和不同身体状况老年人居住的套型。住区内不同的家庭结构主要为第3章第3节建议的那些家庭结构；所谓不同身体状况的老年人，就是要包括自理、介助与介护老人。那么与之相适应的套型则主要有三室两厅两卫、两室一厅一卫、一室一厅一卫、一室一卫和“二代居”套型等等，并要注意不同大小套型面积的选择与配比。

③设置一定数量的可租式公寓套型

考虑到“复合集约型”老年住区的运营模式，在住区中还要设计一定数量的可租式公寓套型，这种套型多为小套一居室，厨房显得不那么重要，也可以是暗厨，这主要考虑到大多数单身年轻人及独居老人对厨房的使用需求很低，甚至仅需微波炉等电子设备即可，无须明火设备。

（2）配套服务设施内容构成上的可选择性策略

将配套服务设施按照需求程度的大小进行分类，并按需进行选择配置。调研中发现，在现有已开发的老年住区中，开发商大多为提高档次、制造卖点噱头，在住区内配置的各种为老服务设施，比如高尔夫球场、保龄球中心等等，但实际上这些设施的利用率很低，中国老年人比起这些运动可能更喜欢下象棋、扭秧歌，所以在设计“复合集约型”老年住区时，要首先选择老年人最喜欢、最需要的服务设施配置，才能做到“集约”。

（3）功能分区上的集中与靠近策略，具体包括以下三方面：

①相对集中布置老年人住宅，且要混住

对于老年人住宅，要尽量相对集中布置，形成老年集中居住区，这有利于增加老年人的彼此交往机会，促成老年亚文化群。当然，老年人集中居住区并不意味着其内部就不含有非老年人居住，应该借鉴日本混住型老年住区的做法，仍混有一定数量（约占老年人总数的1/3）的非老年人口来增强居住活力及交往获得信息量。

②自理老人与介助、介护老人的居住套型靠近设计

将自理老人与介助、介护老人的居住套型靠近设计，有利于充分利用老年资源，让一些有照顾他人意愿的自理老人适当照顾那些行动不是特别方便、需要照顾的老人，当然这个“度”需要住区内部的服务管理团队控制，自理健康老人只是一种辅助资源，决不能因为“任务”而给他们自身造成压力和产生消极心理。

③将部分服务管理所需的公建空间与日常居住生活的居住空间靠近布置

部分公建空间与居住空间靠近布置，就是让这些公建空间所承载的服务管理软件能够更好地融入老年人日常的居住生活中，提高服务管理效率，使得老年人生活更为便利，做到服务管理到“家”。同时，由于老年人集中居住区中还混住着部分非老年人，因此这样做还有助于扩大服务管理客群，让更多人受益，这相当于变相地扩大利用现有的资源，增加这些设施的经营盈利点。

（4）住区空间组织结构优化策略，具体包括以下四方面：

①在营造多层次居住生活空间领域基础上明确各领域空间

多层次的空间领域有助于营造多层次的生活感受，这是目前大部分老年住区甚至普通居住区的做法，对于“复合集约型”老年住区，还要在此基础上更加注意各层次空间领

域的明确化，这样有助于在不同层次上保证老年人对于空间私密性的需求，有助于空间的识别与住区归属感的形成。

②公共服务设施系统分级设计，形成服务管理网络，同时注意差级互补

以老年住区为载体，提供多种多样的服务与适当的管理，这是解决老年人居住生活问题的最重要部分，在进行住区公共服务设施系统的规划设计时，我们应该按照规模的大小及使用频率的多少将其分等级设置，使之构成一种网络，让其均匀、有逻辑地分布到所有老年人（居民）身边，合理分配服务设施资源，这实际上也是普通住区的普遍做法。但对于老年住区，其所需的公共服务设施种类可能要远大于普通常态住区，为了使其资源更有效地利用，在“复合集约型”老年住区的设计中，可以将部分公共服务设施差级设置，即不同区域提供不同种类的服务设施，形成资源互补，这样可以节约一定资源，但要注意，这种差级布置的公共服务设施应该是小规模、低等级的，同时还应该是住区内居民（尤其是老年人）需求使用频率较大的。

③绿地均好与集中设置，减少作用不大的中间级绿地

对于老年人，他们非常喜欢自然要素，诸如阳光、水、植物等等，所以绿地系统对于老年住区的室外空间环境营造非常重要，考虑到将有限的绿地最大化、高效化利用，因此在“复合集约型”老年住区的设计中要保证绿地的均好性，将其以小规模的庭院绿地形式打散到老年人的宅前屋后，让老年人时刻保持与自然的接触；同时也要集中设置一个规模较大的绿地公园，既有助于住区居住环境微气候的改善，也有助于老年人的生活交往；对于作用不是很大的中间级绿地，比如道路两旁的绿地、公建的附属绿地等等，应该尽量减小配置面积，或将其有效地组织到庭院绿地与绿地公园中去。

④道路交通组织进行人车分流设计

为保证老年人在住区内出行活动的安全，以及减少机动车噪声对住区居民生活的干扰，在“复合集约型”老年住区的道路交通组织上应该进行人车分流设计，并且这不是简单地将人行道和车行道分开即可，还要考虑到老年人出行的方便性与可达性等要求，应该采取彼此既相分离又可联系的两套道路交通系统。

（5）部分公共服务设施对外开放布置

老年住区中要配备较大规模的公共服务设施，如果这些公共服务设施完全封闭，只服务于住区内的居民，那么可能对其后期的运营产生影响，这实际上并不利于为老服务

的持续实现，但是如果过于开放这些公共服务设施，又会对住区居民尤其是老年人的生活产生一定程度的干扰，所以在“复合集约型”老年住区的设计中，可以开放部分公共服务设施，主要为规模等级较高的公服，并对其设置位置要有所考虑。

（6）规划布局要可分期建设

老年住区较普通住区，建设周期较长，总成本投入较大（约为普通住区的4~5倍），后期运营成本也很高，可以采用分期建设的方式，对老年住区进行开发建设，这样既有利于把握市场、降低投资风险、减小一次性资金投入压力，还有利于公共服务设施随老年人需求的改变而变化，因此，“复合集约型”老年住区的总体规划设计时，要考虑分期建设的可能，这就要注意后期建设时不能对已建成部分产生干扰。

4.1.2.2 细部设计层面的策略

对于这一层面的设计策略，主要表现在适老化设计上，其具体包括无障碍设计、关怀设计和潜伏性设计三个层面。

（1）无障碍设计

无障碍设计，是以不同程度生理伤残缺陷者和正常活动能力衰退者为服务对象，主要帮助其消除因生理障碍带来的阻碍，保障他们享受与正常人平等的生活权利为工作内容的设计，又称通用设计。由于老年人身体机能的老化，他们中的大多数在视觉、听觉、行动等方面都有一定障碍，因此“复合集约型”老年住区的设计必须包含无障碍设计的内容，实现老年人居住环境的无障碍，其主要包括外部环境与内部环境两大层面。

（2）关怀设计

无障碍设计主要体现在物质环境上，主要消除的是老年人生理上的障碍，这是远远不够的，老年人身体机能的老化是一方面，更为重要的一方面是其心理上的变化，老年人怕孤独、怕不被重视，这是单纯的无障碍设计所无法解决的，甚至有时明显的无障碍设计会增强老年人对衰老的认识，反而产生消极作用。因此还要进行关怀设计，是以消除老年人心理层面障碍而进行的设计，与无障碍设计形成互补，比如单纯的坡道设计是无障碍设计的内容，但考虑到部分老年人，他们可能觉得台阶更平稳安全，所以考虑关怀设计时，就要在坡道旁边再做一个台阶。关怀设计主要也包括外部环境与内部环境两大层面。

（3）潜伏性设计

潜伏性设计是无障碍设计与关怀设计的进一步发展，它不再以身心健康或身心残障者的特定身份来约束居住建筑的服务对象，其设计成果有时并不以无障碍设计的要求直接表达，但必须包含适合无障碍设计改造的可能性。潜伏性设计具有包容性与可变性，其服务对象不是特定不变而是动态变化的，是由完全健康到身心衰退的各种人。对于“复合集约型”老年住区中住宅的设计，尤其是对普通住宅与自理老人居住的住宅，必须增加其潜伏性设计的内容，使老年人随着身体机能的变化，通过合理的改造仍能够满足老年人对居住生活环境的要求，比如在住宅的卫生间与卧室之间内设置可卸式隔墙，对于普通住宅或自理老人住宅卧室与卫生间通过隔墙隔开，随着居住者身体的老化，上卫生间的次数可能会明显增多，这时可以将这个隔墙拆卸掉，方便老年人使用。

关于无障碍设计、关怀设计和潜伏性设计这部分内容，很多学者已有较深入研究，并取得大量成果，具体内容本书将不做详细论述，仅以图表方式给出“复合集约型”老年住区适老化细部设计层面需要重点考虑的部位或方向，如表4.1所示。

表4.1 “复合集约型”老年住区适老化细部设计层面需要重点考虑的部位或方向

Table 4.1 The important parts or directions in detailed designing to "Complex-intensification" Elderly Residential Area in optimal aging level

<table>
<tr><th>设计类型</th><th colspan="3">重点考虑部位或方向</th><th>检索资料（部分）</th></tr>
<tr><td rowspan="15">无障碍设计</td><td rowspan="5">住区外环境</td><td colspan="2">道路、广场铺装</td><td rowspan="5">周燕珉住宅设计教室（http://blog.sina.com.cn）中关于“人性化住区环境设计系列”的相关内容</td></tr>
<tr><td colspan="2">住区照明</td></tr>
<tr><td colspan="2">标识系统</td></tr>
<tr><td colspan="2">地面高差</td></tr>
<tr><td colspan="2">室外场地</td></tr>
<tr><td rowspan="10">住宅内环境</td><td rowspan="3">公共交通空间</td><td>公共出入口</td><td rowspan="3">《我国城市“持续照护”型老年社区规划与设计研究》（帅同检）P102～106</td></tr>
<tr><td>水平走道</td></tr>
<tr><td>垂直交通</td></tr>
<tr><td rowspan="7">室内居室空间</td><td>门厅</td><td rowspan="7">《老年住宅》（周燕珉等著）P145～243、《我国城市“持续照护”型老年社区规划与设计研究》（帅同检硕士论文）P96～101</td></tr>
<tr><td>起居室</td></tr>
<tr><td>卧室</td></tr>
<tr><td>餐厅</td></tr>
<tr><td>厨房</td></tr>
<tr><td>卫生间</td></tr>
<tr><td>阳台</td></tr>
</table>

续表

设计类型	重点考虑部位或方向		检索资料（部分）
关怀设计	住区外环境	设置休息、卫生节点	周燕珉住宅设计教室（http://blog.sina.com.cn）中关于“人性化住区环境设计系列”的相关内容
		绿化连续布置	
		噪声	
		健康步道	
	住宅内环境	住宅单元入口	《老年住宅》（周燕珉等著）P263～292
		住宅内观察窗	
		储藏间	
		住宅智能系统	
潜伏性设计	住区外环境	绿地置换	周燕珉住宅设计教室（http://blog.sina.com.cn）
	住宅内环境	可变隔墙	

资料来源：自绘

此外，在细部设计层面，除上述论及的策略，还包括一些具体选择、优化上的设计策略，这部分内容会随着研究的加深，逐成系统。

4.2 “复合集约型”老年住区的功能构成

“功能”作为建筑基本三要素之一，对于其内容构成的研究往往是设计的出发点，在“复合集约型”老年住区中也不例外，本节即研究此部分内容，主要从用地构成、居住功能构成和公共服务设施功能构成三大方面论述。

4.2.1 用地构成

“复合集约型”老年住区是一种趋向于常态化的老年住区，因此对于它的用地构成应该基本与普通住区相同，包括住宅用地、公建用地、道路用地、公共绿地和其他用地五部分；同时还要基本满足《城市居住区规划设计规范》（GB50180—1993）中关于住区用地平衡控制指标的相关规定，如表4.2所示。

表4.2 住区用地平衡控制指标（%）

Table 4.2 Control indicator (%) of residential area in land balance

用地构成	住宅用地	公建用地	道路用地	公共绿地	住区用地
居住区	45~60	20~32	8~15	7.5~15	100
小区	55~65	18~27	7~13	5~12	100
组团	60~75	6~18	5~12	3~8	100

资料来源:《城市居住区规划设计规范（GB 50180—1993）》

对于“复合集约型”老年住区应该对应的是表中“小区”这一级别，考虑到老年人对公共服务设施的大量需求以及对室外活动场的要求，可以适当提高表中公建用地与公共绿地的相对比重。

4.2.2 居住功能构成

“复合集约型”老年住区的基本居住功能包括：常态普通居住区和老年集中居住区两大部分。其中常态普通居住区以（中）高密度住宅为主，主要提供与网络式、常态家庭结构相适应的套型空间，应多采用房屋出售形式；老年集中居住区以中（低）密度住宅为主，主要提供与老年独居、老年夫妇、老年核心、老年主干、老年联合以及年轻独居家庭结构相适应的套型空间，适应自理、介助与介护老人的需求，采用房屋租售结合或产权式酒店的形式，建议对于部分介助、介护老人以及单身年轻人采用只租不售形式，以适当保持一定数量的产权持有，相当于养老机构，这有利于为老服务的持续有效。

对于上述居住功能构成的比例关系为：常态普通居住区和老年集中居住区的占地面积约为3：7，由于“复合集约型”老年住区的用地规模在5.7~16.9公顷，所以老年集中居住区的用地规模为4.0~11.8公顷，相应地常态普通居住区的用地规模为1.7~5.1公顷，其中常态普通居住区的容积率可控制在3.0左右或以下，老年集中居住区的容积率应控制在0.8以下。在老年集中居住区中，自理、介助与介护老人的人数比控制在12：2：1左右，套型主要有三室两厅两卫、两室一厅一卫、一室一厅一卫、一室一卫和“二代居”套型等，其中大面积套型（一般120m^{2}以上）占20%左右，中面积套型（一般为80～100m^2）占50%左右，小面积套型（一般60m^{2}以下）占30%左右；在常态普通居住区中，老年人数可按此部分总人数的20%计算，套型种类、面积及比例要按项目所在地的实际市场需求确定。

此外，还可以结合项目所在地的具体情况，比如在风景区附近，设置较小规模的度假式居住区，实行候鸟式养老，进一步扩大客群，并且这部分区域也可以给前来看望住区内常住老人的子女及亲属提供短期居住的需求，而对于这部分的规模、比例在可能的条件下依“宁多勿少”原则，视具体项目定。

4.2.3 公共服务设施功能构成

从“复合集约型”老年住区公共服务设施的基本特性出发，对所需的公共服务设施进行二次分类，再进行综合评价（相当于性价比评价），最后绘制出“复合集约型”老年住区的公共服务设施构成配置选择表。

4.2.3.1 “复合集约型”老年住区公共服务设施的四个基本特性

（1）与普通住区的相似性

“复合集约型”老年住区公共服务设施提供的某些功能与普通住区是有相似之处的，毕竟“复合集约型”老年住区是一种趋于常态化的老年住区，其根本属性没有改变，仍是住区，普通住区需要的功能，它自然也需要。

（2）满足老年人需求的特殊性

仅仅满足普通住区的需要还是不够的，这只是住区内普通居民的需求反映，老年住区内的居住主体为老年人，当然要满足他们的特殊需求，这主要包括医疗卫生需求、生活协助需求和文教娱乐需求。

（3）受市场制约的适应性

“复合集约型”老年住区这一居住模型要考虑适应市场的开发，其配置的服务设施要受到市场的制约，因此就应有一定的适应性，主要表现为分期建设、差级互补配置、按需求选择等，在这里（功能构成研究）主要指按需求选择。

（4）与服务管理模式的配合性

在本书第3章第5节中提到了“复合集约型”老年住区的服务管理模式——“住区与养老机构的复合相融”、“小封闭、大开放”、“以市场为主导的老人、服务与管理一体化”，在其模式结构中需要建立居家式管理服务与机构式管理服务二级系统，因此“复合集约型”老年住区的服务设施配置应该配合这种服务管理模式，使软件（服务管理）与硬件（设施配置）相结合。

4.2.3.2 按需分类

（1）第一次分类——按需求内容分

从以上四个基本特性出发，结合《中国绿色养老住区联合评估认定体系》中关于老年住区公共服务设施的配备建议（见表4.3），可将“复合集约型”老年住区的公共服务设施按需求内容分为普通基本功能设施、文教娱乐功能设施、医疗卫生功能设施、生活协助功能设施和社区管理功能设施五大类，具体描述如下：

表4.3 老年住区公共服务设施配备建议表

Table 4.3 Suggestion table in providing public service facilities of elderly residential area

序号	配套设施分类	建议项目
1	医疗护理类	针对老人的综合医院
		护士站
		老年康护中心
		老年诊所
2	康体健身类	老年健身休闲中心、老年综合活动中心、老年会所
		高尔夫球场
		各种球类运动场（网球、门球、台球、羽毛球、乒乓球等）
		游泳池
		棋牌活动室
3	文化类	剧场或多功能厅（歌舞剧场、卡拉ok等）

续表

序号	配套设施分类	建议项目
3	文化类	图书馆或阅览室
4	教育类	老年大学或相应的学习机构（艺术活动室、手工艺教室、电脑教室等）
5	餐饮类	公共餐厅
		咖啡厅、酒吧
6	商业服务类	购物中心
		小型店铺
		美容、美发厅
		商务中心（打字、复印、邮寄包裹）等
		其他，洗衣服务、照相服务等

资料来源：《中国绿色养老住区联合评估认定体系》（聂梅生等 主编）

①普通基本功能设施

与普通住区相似，是指满足社区居民基本生活要求的设施，同时考虑与邻近住区资源共享，包括医疗卫生、社区服务、文化体育、教育、商业餐饮服务、金融邮电、市政公用、物业管理及安防系统等，在这里主要以商业餐饮服务为主。主要具体设施：公共餐厅、咖啡厅（茶室）、酒吧、购物中心、小型店铺、理发店、邮政储蓄、洗衣店、照相馆、市政设施、商务中心、幼儿园等。

②文教娱乐功能设施

是指从健身、娱乐、休闲及老年教育等方面满足老年人基本活动要求的设施。主要具体设施：老年健身休闲中心、老年综合活动中心、老年会所、各种球类运动场、游泳馆、棋牌活动室、剧场（多功能厅）、图书馆（阅览室）、老年大学等。

③医疗卫生功能设施

是指主要为不同年龄阶段、不同病理特征的老人提供不同方式的理疗、护理、保健服务的设施。主要具体设施：社区综合医院、老年保健康护中心、老年诊所、护士站、家庭病床、特殊监控室等。

④生活协助功能设施

是指通过定点服务与入户两种方式为住区老年人提供完善的生活协助服务的设施。

主要具体内容（设施）：家政服务、托老服务、送餐服务、定期探望服务、电话服务、应急求救服务、老年问题咨询服务等。

⑤社区管理功能设施

是指依据“复合集约型”老年住区的服务管理模式的相关要求，保证社区协调、管理运行所需的设施。主要具体设施：机构式管理服务综合体（包括物业管理公司、业主委员会或老人会、街道办事处、老人艺术团）、居家式管理服务站。

（2）第二次分类——按需求程度分

上述五大类设施中，具体有40多项之多，但是老年人对这些公共服务设施的需求程度是有所不同的，有些诸如游泳馆这样的设施利用率并不高，所以对于“复合集约型”老年住区的公共服务设施的配置选择，应将其按照老年人需求程度的高低进行再次分类，再择“优”选择。现对各设施需求程度的问卷调查分析（同时参考相关其他调查资料），得到图4.1，并在此基础上，将这些公共服务设施按老年人需求程度的由高到低，分为高度、中高度、中低度和低度四档，具体结果如下：

①高度需求类设施，是指需求程度占75%及以上的公共服务设施，包括餐厅、小型店铺、护士站、家庭病床、市政设施、幼儿园、家政服务、物业管理公司、应急求救服务、街道办事处、棋牌活动室。

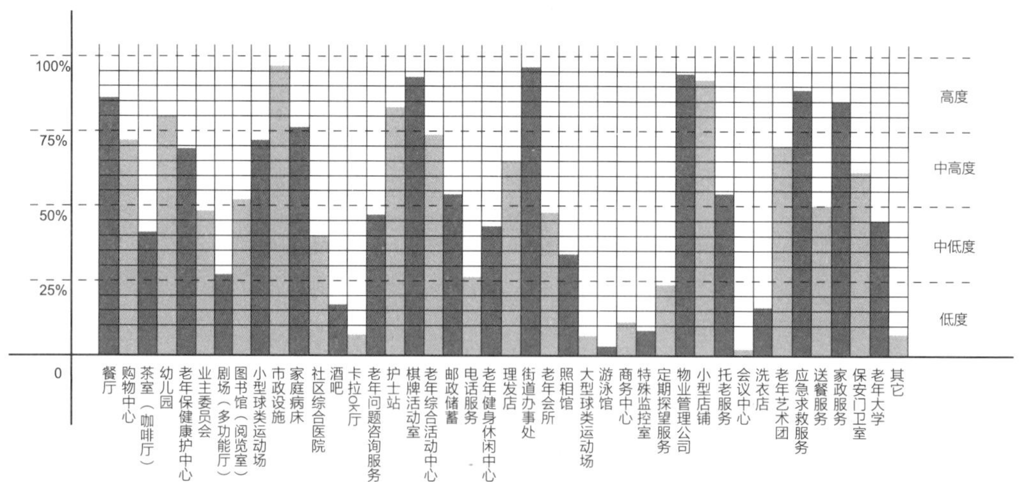

图4.1 老年人对公共服务设施需求程度统计图

Fig. 4.1 The statistical chart about demand rate to public service facilities for aged

②中高度需求类设施，是指需求程度占50%～75%（包括50%）的公共服务设施，包括购物中心、理发店、邮政储蓄、老年综合活动中心、图书馆（阅览室）、小型球类运动场、老年保健康护中心、老年诊所、送餐服务、托老服务、老人艺术团、保安门卫室。

③中低度需求类设施，是指需求程度占25%～50%（不包括50%）的公共服务设施，包括咖啡厅（茶室）、照相馆、老年会所、老年大学、老年健身休闲中心、剧场（多功能厅）、社区综合医院、电话服务、老年问题咨询服务、业主委员会。

④低度需求类设施，是指需求程度占25%及以下的公共服务设施，包括酒吧、卡拉ok厅、商务中心、洗衣店、游泳馆、大型球类运动场、会议中心、特殊监控室、定期探望服务。

4.2.3.3 “复合集约型”老年住区的公共服务设施构成配置选择表（表4.4）

表4.4 “复合集约型”老年住区的公共服务设施构成配置选择表

Table 4.4 Constitution and selection table in providing public service facilities for "Complex-intensification" Elderly Residential Area

	必要	应要	宜要	不应要
普通基本功能设施	餐厅、小型店铺、市政设施、幼儿园	购物中心、理发店、邮政储蓄	咖啡厅（茶室）、照相馆	酒吧、卡拉ok厅、商务中心、洗衣店
文教娱乐功能设施	棋牌活动室	老年综合活动中心、图书馆（阅览室）、小型球类运动场	老年会所、老年大学、老年健身休闲中心、剧场（多功能厅）	游泳馆、大型球类运动场、会议中心
医疗卫生功能设施	护士站、家庭病床	老年保健康护中心、老年诊所	社区综合医院	特殊监控室
生活协助功能设施（内容）	应急求救服务、家政服务	送餐服务、托老服务	电话服务、老年问题咨询服务	定期探望服务
社区管理功能设施	物业管理公司、街道办事处	老人艺术团、保安门卫室	业主委员会	

注：“必要”表示很严格，一定要配置；“应要”表示严格，在大部分情况下要配置；“宜要”表示允许稍有选择，在条件许可时最好要配置；“不应要”表示有选择的反义词，在大部分情况下最好不要配置

资料来源：作者自绘

对于公共服务设施的二次分类，考虑到调查问卷调查者自身的主观性与调查地区的非普遍性，我们要对其进行综合评估评价，即要考虑受市场制约的适应性（相当于性价比），再稍作调整，并按照一般建筑规范的相关用词，将这些二次分类并调整后的公共服务设施分为“必要、应要、宜要、不应要”四类，结合第一次分类，绘制出“复合集约型”老年住区的公共服务设施构成配置选择表4.4。

从“复合集约型”老年住区的公共服务设施构成配置选择表中可知，在一般情况下，“复合集约型”老年住区公共服务设施的配置要包含表中“必要”项和“应要”项的全部内容以及“宜要”项的部分内容；当条件允许时，可以包含“必要”项、“应要”项与“宜要”项的全部内容以及“不应要”项的极少部分内容，如果全都包含了，这就不是“复合集约型”老年住区了，恐怕需要很高的档次，这就违背了“复合集约型”老年住区的初衷。

关于配置的公共服务设施具体规模的大小控制，可按照相关规范进行确定，此部分内容会在后面公共服务设施分级配置布局的基础上详细论述。

4.3 “复合集约型”老年住区的组织布局

对于“复合集约型”老年住区的组织布局，按通常方式从居住系统、公共服务设施系统、道路交通系统和绿地系统四大方面进行分析论述，但是为了能够用图示语言对其进行针对性地表达，故在此假定一个地块，并考虑地块应具有一定的普遍性，再结合第3章中关于选址与规模的相关要求，将假定地块定义为近似方形的平地，见图4.2。

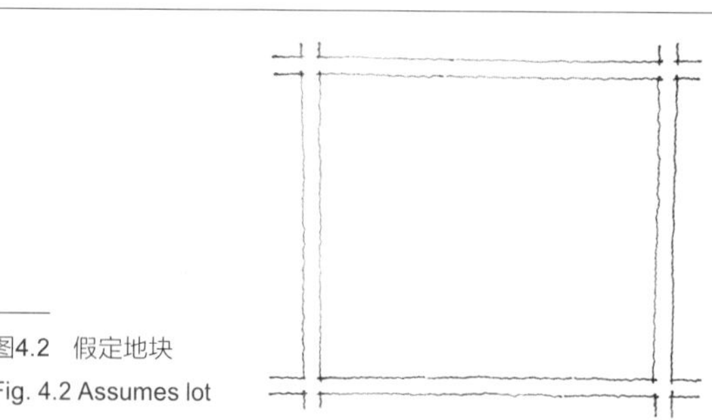

图4.2 假定地块

Fig. 4.2 Assumes lot

4.3.1 居住功能分区与空间组织结构

4.3.1.1 居住功能分区

在“复合集约型”老年住区中有两大基本居住功能区——常态普通居住区与老年集中居住区，前面提到考虑老年亚文化群的形成与方便服务管理，需要将老年人居住区相对集中设置，即常态普通居住区与老年集中居住区的功能分区要相对明确，而非有机疏散。这样，二者在平面的布局上就主要有两种形式——并列式与包含式。前面提到常态普通居住区与老年集中居住区占地面积之比大约为3：7，那么对于同一地块下，常态普通居住区与老年集中居住区各自所占的用地面积是一定值。于是对于相同用地规模下，当采用并列式与包含式两种不同布局形式时，老年集中居住区与常态普通居住区的接触边长是会有所不同的，如图4.3所示，并列式的边长要小于包含式的情况。接触的边长越长，可以从某种程度上说明老年集中居住区内的老年人与常态普通居住区内的常态人口交往的机会就越多，并且越容易营造整个住区环境。所以对于“复合集约型”老年住区，其两大居住功能区要采用包含式的平面布局形式。那么是谁包含谁呢？当然应该是常态普通居住区包含老年集中居住区，因为老年人更需要相对私密、相对安静的生活环境。

对于老年集中居住区，要融入适当比例（约占老人总数的1/3）的非老年人居住，就如同第一章介绍的日本混住型老年住区那样，采用“二代居”、“网络式”家庭以及单身年轻公寓等形式，将非老年人不规则地分布到老年人居住的区域中，活跃住区氛围、增强住区活力，这种混住的形式与前面两大居住功能分区的明确化不同，这里是在其基础上的有机疏散。

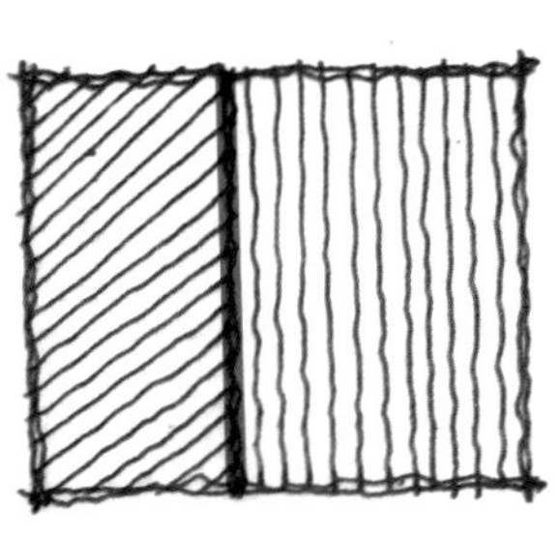

并列式

包含式

图4.3 两种分区布局形式的接触边长
Fig. 4.3 Contact edge of two forms of partition layout

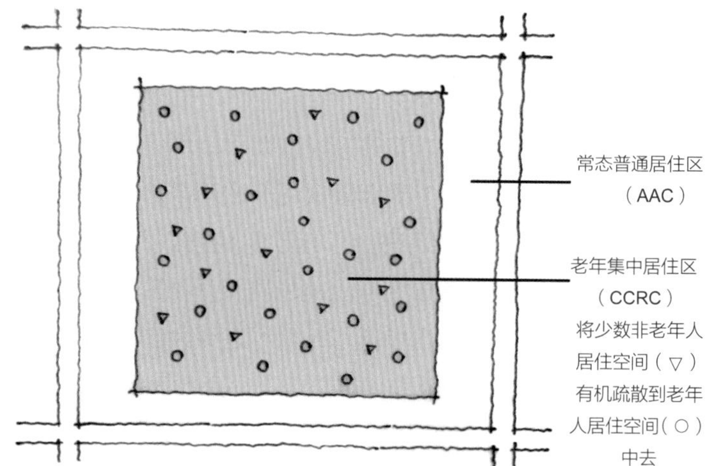

图4.4 “复合集约型”老年住区居住功能分区示意图
Fig. 4.4 Living function zoning diagram of "Complex-intensification" Elderly Residential Area

至此，我们可以绘制出“复合集约型”老年住区的居住功能分区示意图4.4。

4.3.1.2 空间组织结构

一个住区，其归属感的营造，在空间属性上要具有一定的私密性，而对其活跃度的营造，在空间属性上又要具有一定的开放性。这对于老年人是非常重要的，他们既需要私密性空间来增强其归属感、保证其生活不受干扰，又需要开放性空间活跃环境氛围、促进交往发生，所以对于“复合集约型”老年住区的空间层次应是多层次的。一般按私密性的由低到高将其分为四个层次：开放空间——半开放半私密空间——半私密半开放空间——私密空间，如图4.5所示。

（1）宏观结构

从较宏观层面上看，老年集中居住区应属于较私密空间层次，而常态普通居住区则应属于较开放空间层次；其中对于各自功能居住区又可再细分为两个层次，老年集中居住区内的住宅区属于私密空间，而公共活动区属于开放空间，常态普通居住区内的住宅区属于私密空间，而公共活动区属于开放空间。所以老年集中居住区内的住宅区为私密空间，老年集中居住区内的公共活动区为半私密半开放空间，常态普通居住区内的住宅区为半开放半私密空间，常态普通居住区内的公共活动区为开放空间。

从居住功能区的包含式平面分区形式出发，“复合集约型”老年住区的空间组织结构

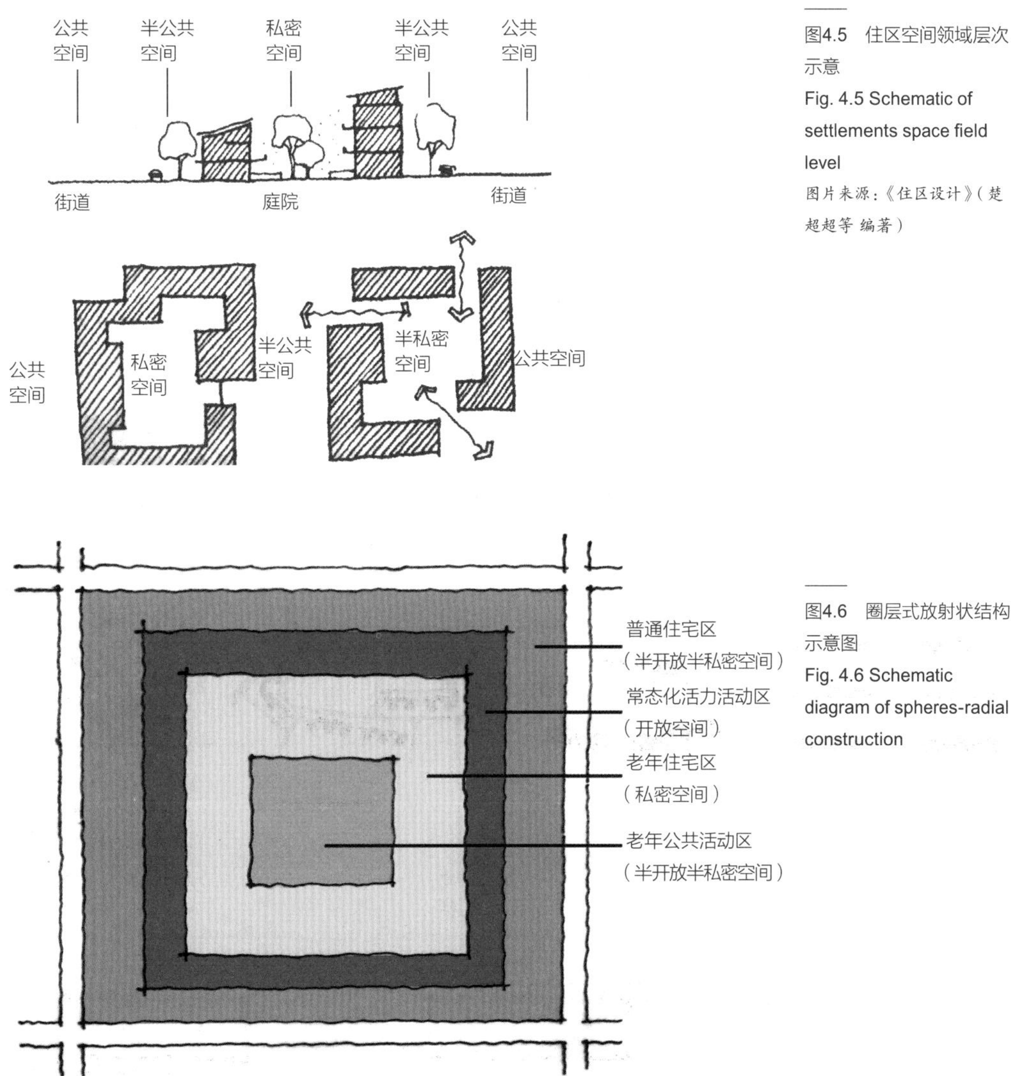

图4.5 住区空间领域层次示意

Fig. 4.5 Schematic of settlements space field level

图片来源：《住区设计》（楚超超等 编著）

图4.6 圈层式放射状结构示意图

Fig. 4.6 Schematic diagram of spheres-radial construction

可以采用如图4.6所示的圈层式放射状结构，从内到外依次为老年公共活动区、老年住宅区、常态化活力活动区和普通住宅区。

（2）微观结构

一般常见的住宅群体组合方式有行列式、周边式、点群式、混合式和自由式，如图

4.7所示。实际上前面提到的圈层式结构属于这里的周边式，这是对于整个住区的所有住宅而言，而在较微观层面，主要从住宅出发，研究较小尺度的几栋住宅的组合问题。

对于几栋住宅的微观层面，往往都是以小尺度（2～4栋）的行列式作为基本单元，但是考虑到老年人需要较为安全私密的居住环境以及第三章提到的“小封闭、大开放”的管理模式，在“复合集约型”老年住区的老年人集中居住区（CCRC）内，可以将行列式的基本单元做一变形，以“院子”作为中心来组织临近住宅，如图4.8所示，这样就形成了介于户内私密空间与户外开放空间之间的半私密空间，这种最小单位称为“混住细胞”。当然，对于常态普通居住区，应保持其开放性，仍以行列式的基本单元进行住宅群体空间组合。

实际上“混住细胞”就相当于居住组团，对于以中（低）密度住宅为主的“混住细胞”

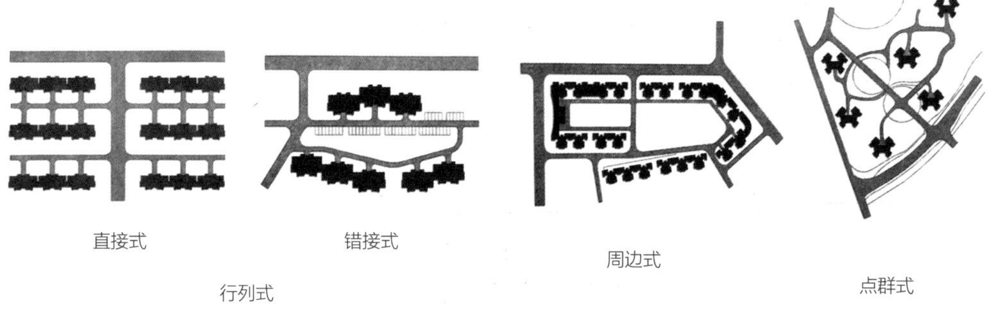

图4.7 住宅群体组合方式
Fig. 4.7 Combinations of residential groups
图片来源：《住区设计》（楚超超、夏健 编著）

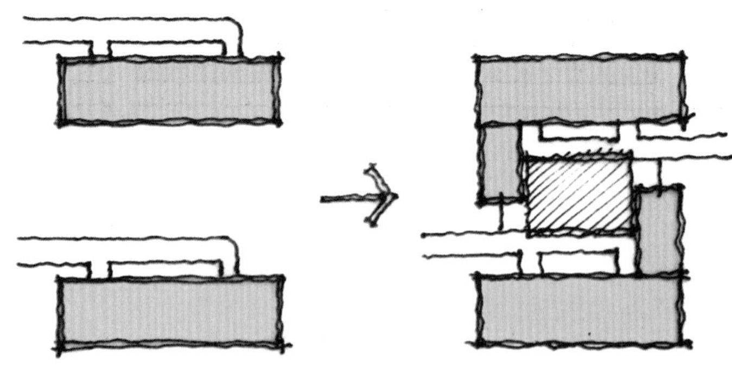

图4.8 “基本行列式单元”变形示意
Fig. 4.8 Schematic of deformation of "Basic determinant unit"

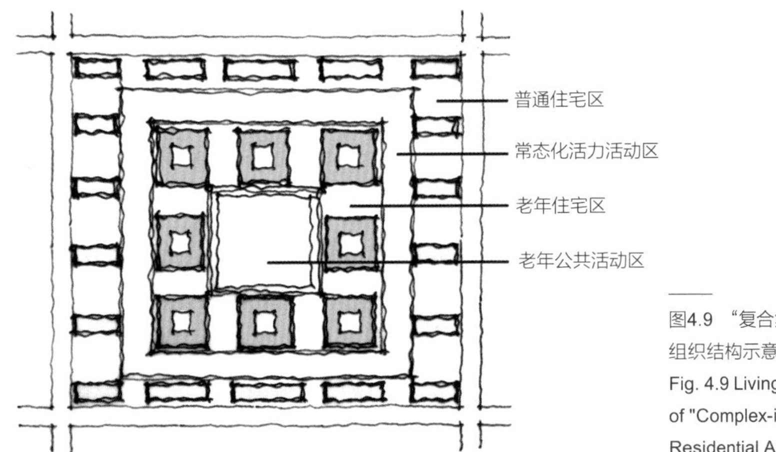

图4.9 “复合集约型”老年住区居住空间组织结构示意图
Fig. 4.9 Living space organization diagram of "Complex-intensification" Elderly Residential Area

的规模控制，主要取决于其容纳的人口数。人类学家研究表明300人左右是人们平常主要的交往记忆范围，所以往往建筑学领域对于居住组团的人口规模建议也在300～400人左右，考虑到老年人的认知能力会有所下降，所以我们建议“混住细胞”的人口规模不宜超过300人，以270人为宜。结合第3章服务管理模式中提到的“住区与养老机构的复合相融”理念，“混住细胞”的个数应为：用老年集中居住区（CCRC）内的介助、介护老人数（200～500人，300人为宜）除以每个护理单元的介助、介护老人数（40人），即5～12个（理想值为7或8个）。

于是，将微观与宏观层面结合起来，可以得到“复合集约型”老年住区的居住空间组织结构示意图4.9。

4.3.2 公共服务设施布局

4.3.2.1 公共服务设施的分级布局

由于“复合集约型”老年住区内有不同年龄结构、不同健康状况的居住者，其在物质和精神上的需求会存在一定的差异，因此住区内的公共配套服务设施应结合整个住区综合考虑，并应按照住区的总体功能空间结构有针对性地分级设置。以“集中为主，分散为辅，分别对待”的配置模式，将住区内的公共服务设施分为三个层级，使其构成有机的服务管理网络，这样既满足不同人对于公共服务设施多样化的需求、方便老年人的使用，也考虑了公共设施服务空间的兼容性、提高服务设施的综合利用率。

对住区整体而言，将部分设施集中设置在住区中心、周边以及老年集中居住区与常态普通居住区之间的区域（实际上就是前面提到的常态化活力活动区），供住区内所有居民及部分外部人员使用，此为第一层级；在老年集中居住区内，集中设置部分老年人较常需求的公共服务设施，形成服务设施环，主要为自理老人提供日常生活的服务管理，此为第二层级；在“混住细胞”内，分散设置老年人最需求的公共服务设施，最大便利地服务于老年人，尤其是介助、介护老人，此为第三层级。结合“复合集约型”老年住区的居住功能分区图与空间组织结构图，可绘制出公共服务设施分级示意图4.10。

但是从该图中发现，第一层级和第二层级的公共服务设施所占边长比例较大，这就说明如果完全按照图中的方式布局，所需的公共服务设施面积会很大（一般图示中的宽度和高度差不多），再加之第三层级的规模，整个住区需要配置大量的公共服务设施，虽然说老年住区中的公服配套要比一般住区的多，但也要基本满足《城市居住区规划设计规范（GB50180—1993）》中关于住区用地平衡控制指标的相关规定（对于居住小区级用地的公建用地占总用地的18%～27%）。并且考虑“复合集约”的基本要求，要尽量减少公共服务设施的配置规模，反映在图示语言中即为在宽度和高度一定时长度要尽量减小，所以我们

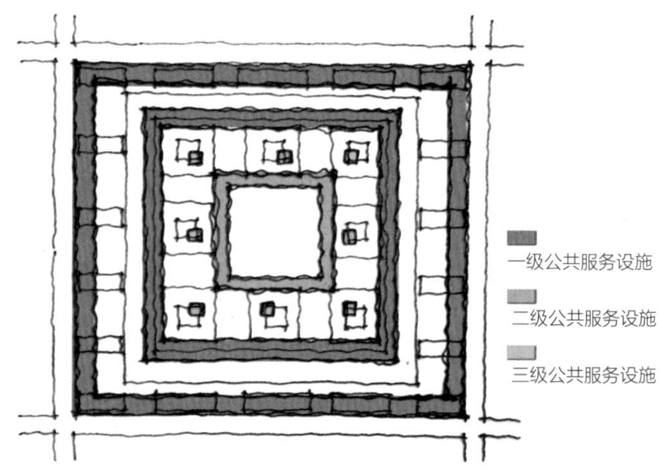

图4.10　公共服务设施分级示意图
Fig. 4.10 Diagram of public service facilities gradings

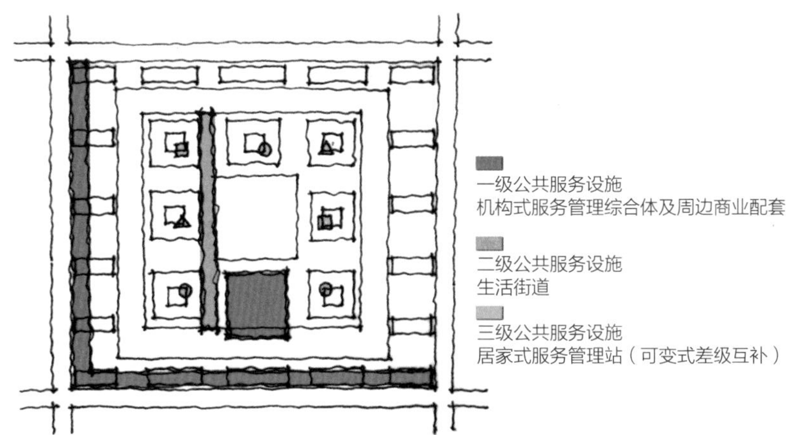

图4.11 “复合集约型”老年住区公共服务设施分级示意图
Fig. 4.11 Public service facilities classification diagram of "Complex-intensification" Elderly Residential Area

把图4.10做进一步调整：将第一层级的部分公共服务设施集中复合为一体，称其为“机构式服务管理综合体”，而另一部分以配套商业设施对外开放，按实际需求布置在住区周边；将原有的第二层级服务设施环缩短，只取其中一部分，呈线状分布，我们称其为“生活街道”；第三层级的公共服务设施保持不变，但要注意可变式差级互补设置，将其称之为“居家式服务管理站”。于是，将“复合集约型”老年住区的公服配套分为“机构式服务管理综合体及周边商业配套——生活街道——居家式服务管理站”三级结构，如图4.11所示。

此外，在住区公共服务设施布局时，要充分考虑老年人的生理特性，其服务半径必须在老年疲劳度的范围之内，当然这部分内容我们在确定住区用地规模时就已做考虑，不过结合老年人出行活动分布圈的概念，实际上在这里的公共服务设施分级与其存在着对应关系：第三层级的“居家式服务管理站”对应的是老年人邻家活动圈（小于3分钟步行时间），第二层级的“生活街道”对应的是老年人基本生活活动圈（3～5分钟步行时间），第一层级的“机构式服务管理综合体及周边商业配套”对应的是老年人扩大邻里活动圈（5～10分钟步行时间）。

4.3.2.2 分级布局下的配置

下面在本章第2节功能构成中关于公共服务设施的构成配置选择表4.4的基础上，针对分级设置的具体要求，结合《老年人居住建筑设计标准》、《城镇老年人设施规划规范》、《城市居住区规划设计规范》以及《老年养护院建设标准》等的相关规定与要求，绘制“复合集约型”老年住区公共服务设施层级配置表4.5，如下：

表4.5 “复合集约型”老年住区公共服务设施层级配置表

Table 4.5 Level configuration table of public service facilities for "Complex-intensification" Elderly Residential Area

<table>
<tr><th rowspan="2">功能类别</th><th rowspan="2" colspan="2">具体设施</th><th colspan="3">分级选择</th><th rowspan="2">建议配置面积指标（建筑面积）</th></tr>
<tr><th>第一级（机构式服务管理综合体及商配）</th><th>第二级（生活街道及其他）</th><th>第三级（居家式服务管理站）</th></tr>
<tr><td rowspan="16">普通基本功能设施</td><td colspan="2">餐厅</td><td>○</td><td>●●●</td><td>●●</td><td>二级：200～300m^2，集中设置；三级：40～60m^2/个，5～12个，分散设置</td></tr>
<tr><td colspan="2">茶室（咖啡厅）</td><td>○</td><td>●</td><td>○</td><td>100～200m^2</td></tr>
<tr><td colspan="2">酒吧</td><td>○</td><td>○</td><td>○</td><td>—</td></tr>
<tr><td colspan="2">小型店铺</td><td>●●●</td><td>●●</td><td>○</td><td>100～200m^2（各级）</td></tr>
<tr><td colspan="2">超市</td><td>○</td><td>●●●</td><td>○</td><td>200～300m^2</td></tr>
<tr><td colspan="2">购物中心</td><td>●</td><td>○</td><td>○</td><td>300～500m^2</td></tr>
<tr><td colspan="2">小旅馆</td><td>●●</td><td>○</td><td>○</td><td>200～300m^2</td></tr>
<tr><td colspan="2">商务中心</td><td>○</td><td>○</td><td>○</td><td>—</td></tr>
<tr><td colspan="2">卡拉ok厅</td><td>○</td><td>○</td><td>○</td><td>—</td></tr>
<tr><td colspan="2">理发店</td><td>○</td><td>●●</td><td>○</td><td>40～60m^2</td></tr>
<tr><td colspan="2">照相馆</td><td>○</td><td>●</td><td>○</td><td>40～60m^2</td></tr>
<tr><td colspan="2">洗衣店</td><td>○</td><td>○</td><td>○</td><td>—</td></tr>
<tr><td colspan="2">邮政储蓄</td><td>○</td><td>●●</td><td>○</td><td>40～60m^2</td></tr>
<tr><td colspan="2">幼儿园（带托老功能）</td><td>●●●</td><td>○</td><td>○</td><td>200～300m^2</td></tr>
<tr><td colspan="2">相关市政设施</td><td>●●●</td><td>●●●</td><td>●●●</td><td>结合相关规定</td></tr>
<tr><td colspan="2">配套商业网点</td><td>●●●</td><td>○</td><td>○</td><td>结合实际项目</td></tr>
<tr><td rowspan="4">文教娱乐功能设施</td><td rowspan="4">文化教育</td><td>老年大学</td><td>●</td><td>○</td><td>○</td><td>4～6班，每班60m^2</td></tr>
<tr><td>图书馆</td><td>●●</td><td>○</td><td>○</td><td>100～200m^2</td></tr>
<tr><td>阅览室</td><td>○</td><td>○</td><td>●</td><td>60～100m^2/个，3～7个，分散设置</td></tr>
<tr><td>会议中心</td><td>○</td><td>○</td><td>○</td><td>—</td></tr>
</table>

续表

功能类别	具体设施		分级选择：第一级（机构式服务管理综合体及商配）	分级选择：第二级（生活街道及其他）	分级选择：第三级（居家式服务管理站）	建议配置面积指标（建筑面积）
文教娱乐功能设施	娱乐活动	棋牌活动室	○	●●	●●●	二级：100～200m²，集中设置；三级：30～50m²／个，5～12个，分散设置
		兴趣室	○	●●	●	二级：100～200m²，集中设置；三级：30～50m²／个，3～7个，分散设置
		老年活动中心（兼售楼处）	●●	●	○	300～500m²
		多功能厅（剧场）	●	○	○	100～150m²
	运动健身	老年休闲会所	●	○	○	80～120m²
		老年健身中心	●	○	○	80～120m²
		游泳馆	○	○	○	—
		大型球类运动场	○	○	○	—
		小型球类运动场	●●	○	○	400～600m²
		种植园	○	●●	○	结合实际项目
医疗卫生功能设施	社区综合医院		●	○	○	300～500m²
	老年诊所		○	●●	○	60～100m²
	护士站		○	○	●●●	20～30m²／个，5～12个，分散设置
	老年保健康护中心		●●	○	○	100～200m²
	家庭病床		○	○	●●●	共20～30床，每床20m²，分散设置
	特殊监控室		○	○	○	—
生活协助	餐饮服务		●●			可在机构式服务管理综合体中集中设置服务管理总台（面积在100m²左右），
	托老服务		●●			
	家政服务		●●●			
	洗衣服务		●			

续表

功能类别	具体设施	分级选择			建议配置面积指标（建筑面积）
		第一级（机构式服务管理综合体及商配）	第二级（生活街道及其他）	第三级（居家式服务管理站）	
功能设施（内容）	洗浴服务	●			各具体服务内容可融入能提供相应服务的具体设施中，服务半径面向全区及周边（大约在400～500m）。
	理发服务	●			
	定期探望服务	○			
	问题咨询服务	●			
	交通与陪伴服务	●			
	应急求救服务	●●●			
	电话服务	●			
	再就业服务	○			
社区管理功能设施	物业管理中心	●●●	○	○	200～300m^2
	街道办事处	○	●●●	○	可合用，总建筑面积在200～300m^2
	老人艺术团	○	●●	○	
	业主委员会	○	●	○	
	管理站	○	○	●●	20～30m^2/个，5～12个，分散设置，可与护士站合用

注：“●”表示为“宜要”，“●●”表示为“应要”，“●●●”表示为“必要”，“○”表示为“不应要”，用词释义同表4.4。

资料来源：作者自绘

4.3.2.3 公共服务设施的时间布局

上面论述的公共服务设施布局是针对空间层面上的，此外还有时间层面上的。

（1）分期建设

在上述配置的众多公共服务设施中，从服务属性上实际上可以将其分为两大类——经营性设施与福利性设施，比如超市属于经营性设施，而老年活动中心属于福利性设施；而从规模大小上也可以分为两类，即小规模设施与大规模设施，比如阅览室属于小规模设施，而图书馆属于大规模设施。在“复合集约型”老年住区中，可以采取“先经营后福利，先小规模再大规模”的方式对这些公共服务设施分期建设。那么反映在图示语言中，可以将第一层级的“机构式服务管理综合体”放在后期建设。

（2）服务内容置换

公共服务设施之所以有多种类型，主要是其所需设备与人员的不同，而在单纯的建筑层面，实际上是相似的甚至是相同的，即承载这些设备与人员的房子（空间），所以在可能的情况下，只要将同一个房子里的设备与人员换一换，就可能改变该公共服务设施的种类，我们认为在第三层级“居家式服务管理站”以及部分第二层级“生活街道”中可以定期置换服务，这样既有利于保持周围生活空间的新鲜感，也有利于扩大客群、促进交往。

4.3.3 道路交通组织

道路系统是住区内外环境的重要联系要素，也是住区空间结构的重要体现，它作为住区脉络，不仅与居民的日常出行、邻里交往等多种行为活动息息相关，在对整个住区景观环境的质量塑造上也有很大程度的影响。下面我们从老年人自身特征出发，分析论述人车分流、道路分级与识别性、静态交通三方面内容，最终得出“复合集约型”老年住区的道路交通组织示意图。

4.3.3.1 人车分流

由于老年人生理机能有所下降，因此他们对于较短距离出行（住区内范围）主要以步行为主，为了给老年人创造一个相对安全、安静的住区步行空间，在老年住区的道路交通组织上应该采用“人车分流”的方式。所谓“人车分流”就是指设计时把步行道路与车行道路分开布置，使人流路线与车流路线相分开。这一概念最早是由C.佩里于20世纪20年代提出的，并且1933年由美国新泽西州的雷德朋住区规划率先体现（图4.12）。

“人车分流”的道路交通组织方式，使住区的道路网络成为两套系统。步行交通系统与居民的日常生活关系密切，在空间布局上占主导地位；而车行交通系统则与居民的日常生活关系相对不那么密切，在空间布局上处于辅助地位。但这并不意味着步行交通系统与车行交通系统完全分开，考虑到老年人出行的方便性与可达性等的要求，二者还应有所联系。于是，结合前面的空间组织结构图，我们可以采取如图4.13所示的既相分离又

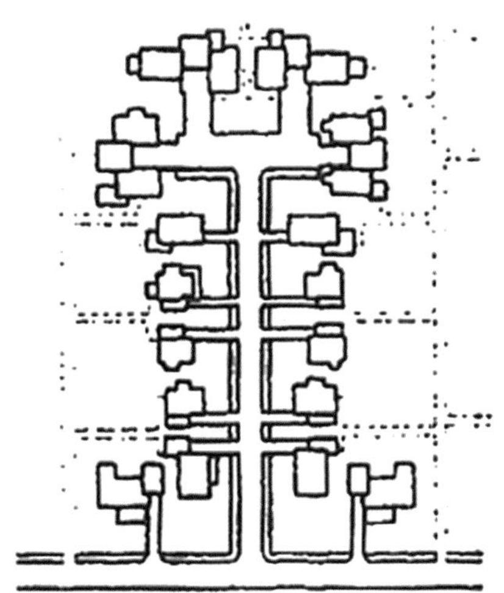

图4.12 雷德朋“人车分流”系统局部
Fig. 4.12 The part of Leide Peng " people and cars detachment " system
图片来源：《住区设计》（楚超超、夏健 编著）

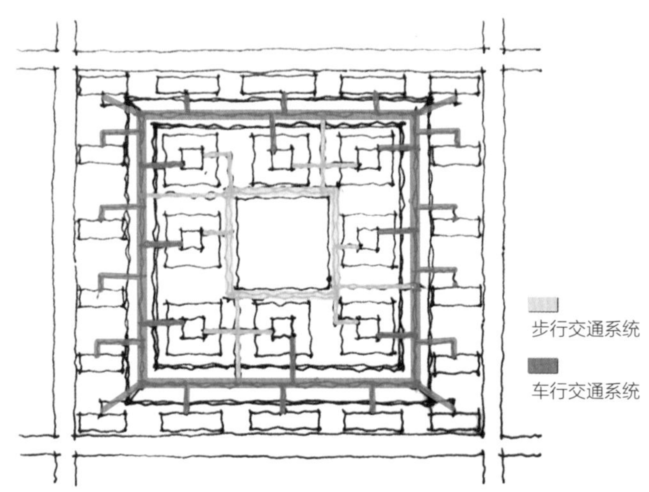

图4.13 “人车分流”系统示意图
Fig. 4.13 Diagram of "people and cars detachment" system

可联系的两个交通环来表达“人车分流”的两套交通系统。这主要是针对老年人考虑的，而对于常态普通居住区（AAC）的居民，是可以采用“人车合流”的，这样会相对增大出行的方便以及减小一定的建设成本，实际上图4.13中的外环交通如是。

对于步行道路，应该方便、安全、快捷，两侧应设置座椅以便老年人休息、交流，步行道路的宽度与纵坡应适于老年人及轮椅使用者的通行要求，对于车行道路，考虑到老年人的安全性，还要采取一些控制车速的有效措施，比如道路平面采用蛇形、增设减速带等等。而在一些人行系统与车行系统相交叉之处（如住区入口处、停车场入口处等）应该有较明显的标识提醒，并应在道路两端留有约60m的可视距离以保证身体行动不便、视力较差的老年人能够安全穿越。

4.3.3.2 道路分级与识别性

由于老年人的记忆有所下降，常常会发生迷路的情形，因此应该通过对“复合集约型”老年住区道路系统的分级设计来相对提高老年人对居住环境的可识别性。对于道路分级可以根据道路所处位置、空间性质以及服务的群体特征来确定，上面提到的车行交通环即是“复合集约型”老年住区的一级道路，相当于居住小区级道路，而人行交通环则为二级道路，相当于居住组团级道路，再下级的道路往往是宅间路、联系路、散步路等。对于各级道路的宽度及断面形式，根据相关规范及原理书籍的描述，结合实际功能需求，确定见表4.6所示。

表4.6 “复合集约型”老年住区各级道路宽度及断面形式控制表

Table 4.6 Road width and cross section at all levels to "Complex-intensification" Elderly Residential Area

道路分级	道路功能	道路红线宽度	建筑控制线间宽度	断面形式示意图	备注
居住小区级道路	居住小区内外联系的主要道路	路面宽6～9m	采暖区不宜小于14m，非采暖区不宜小于10m	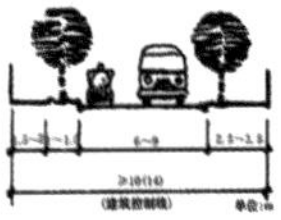	道路红线宽度大于12m时可以考虑设人行道，其宽度在1.2～2m
居住组团级道路	居住小区内部的次要道路，联系个住宅群落	路面宽3～5m	采暖区不宜小于10m，非采暖区不宜小于8m		大部分情况下居住组团级道路不需要设专门的人行道
宅间小路	连接住宅单元与单元、住宅单元与居住组团级道路或其他等级道路	不宜小于2.5m	—		连接高层住宅时路幅宽度不宜小于3.5m

资料来源：作者自绘

在设计下级道路时往往并且也应该会与上一级道路相交（不平行），就像树枝一样（见图4.14），这时就会产生道路交叉口，而这些地方最容易使老年人迷失方向，因此要注意这些道路交叉口的识别性设计。伊丽莎白·伯顿在《包容性的城市设计》中提到：与十字路口相比，T形路口、Y形路口、交错路口都能够在最低限度上保证可选择路线的最小化，同时也为行人提供街角处的聚焦点，如图4.15所示。所以要尽量减小路口一个交叉点的连接道路数量，重视道路的线性选择。此外，还可以通过道路断面形式、铺地、路旁绿化的变化以及休息空间与标志的设置来增加道路的交叉口及自身的可识别性。

图4.14 树枝分叉形态
Fig. 4.14 Branches furcation morphology

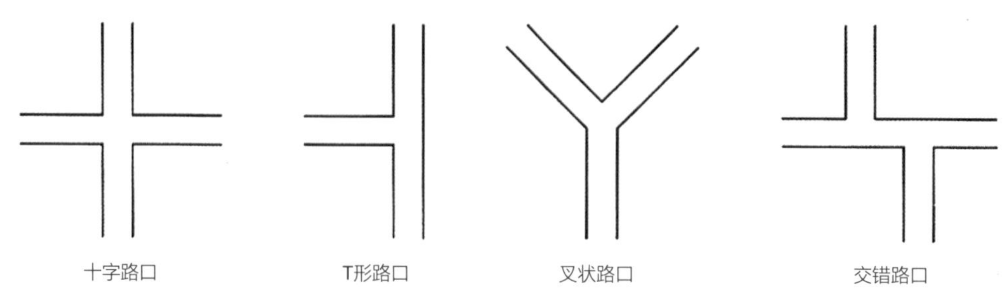

图4.15 道路交叉口形态示意
Fig. 4.15 Schematic of road intersection forms
图片来源：《包容性的城市设计》（伊丽莎白·伯顿等 著）

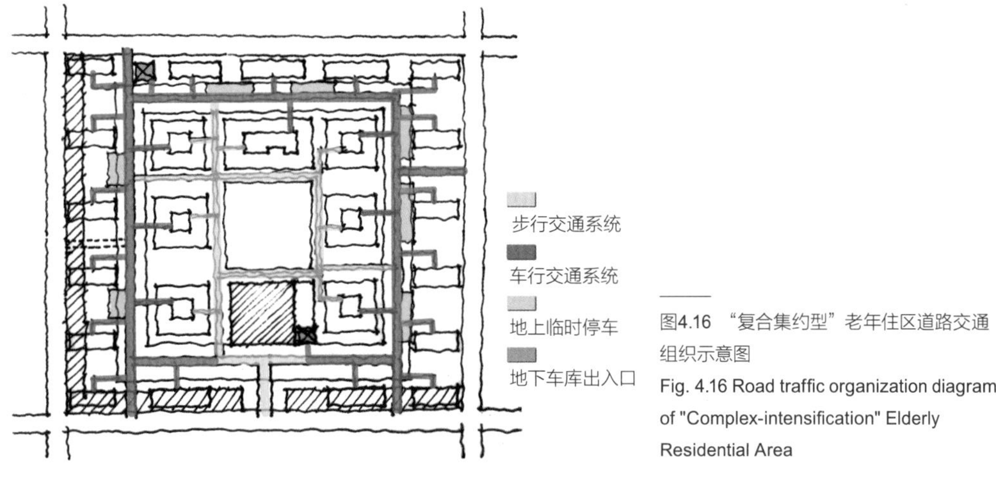

图4.16 “复合集约型”老年住区道路交通组织示意图
Fig. 4.16 Road traffic organization diagram of "Complex-intensification" Elderly Residential Area

4.3.3.3 静态交通

所谓静态交通，主要是指机动车辆的停放。对于“复合集约型”老年住区的静态交通组织，主要采用地下停车和地上停车两种形式。地上停车，主要解决外来探访的车辆以及急救车辆等机动车的临时停车问题，由于老年人经济及身体因素，其对停车位的需求不大，同时为保证老年居住区内形成较高的环境质量，应尽量在老年居住组团（即“混住细胞”）外部解决停车，可以沿组团外环形路（即前面提到的小区级道路）及其入口处设置少量停车；地下停车，主要解决住区内居民的私家车停靠，因常态普通居住区（AAC）主要为高密度住宅，故可在其地下设置一定规模的停车场，这样既有利于充分利用高层住宅基础空间，又可以减小停车对住区居民的日常干扰及对环境的污染。

基于人车分流、道路分级与识别性、静态交通三方面的具体分析与要求，并考虑相关规范中对于住区出入口和消防问题等的规定以及公共服务设施的布局情况，我们可以绘制出“复合集约型”老年住区的道路交通组织示意图4.16。

4.3.4 绿地广场布置

住区绿地系统不仅包括植物自身，还包括水体、活动场地，在某种程度上是住区室外活动空间的代名词，绿地系统的组织布局是住区总体规划设计的重要组成部分，尤其对非常喜欢如阳光、水、植物等自然要素与需要娱乐交流的老年人，更是老年住区室外空间环境营造的重要对象。结合本章第1节关于绿地系统的设计策略，本小节从系统建立、布置形式、植物配置以及绿地指标四个方面分析论述。

4.3.4.1 系统建立

“点、线、面”相结合是住区绿化形成系统的重要手法，以保持绿化空间的连续性，让住区内的居民时刻生活在绿化环境中。所谓的点，就是指宅旁绿地和组团绿地，它是小区绿地的基础；公共绿地或中心绿地则为面，是小区绿地的中心；住区内主要道路两旁的沿线绿化带即为线，起到联系点和面的作用。在“复合集约型”老年住区的绿地系统组织布局中，同样如是，并且要重点注意“点”要素和“面”要素的设置。一方面保证绿地的均好性，将其以小规模的庭院绿地形式打散到老年人的宅前屋后，让老年人时刻保持与自然的接触；另一方面也要集中设置一个规模较大的绿地公园，为老年人甚至全区居民提供生活交往的室外空间，并且绿地公园的设置还有助于住区居住环境微气候的改善。对于作用不是很大的中间级绿地，比如道路两旁的绿地、公建的附属绿地等等，应该尽量减小或将其有效地组织到庭院绿地与绿地公园中去，当然，这是在“线”要素连续作用的基础上的。

结合前面的住区空间组织结构图，可将“面”要素的绿地公园（中心绿地）布置在住区的中心，并在中心绿地内布置供老年人集体跳舞、打太极拳等实用的广场；同时在老年集中居住区与常态普通居住区之间布置一定宽度的绿化带，并在其上布置一定规模的室外运动场地。对于“点”要素，老年集中居住区内则为“混住细胞”内的庭院绿地，其相对封闭私密；常态普通居住区部分则为住宅前后的绿地，其相对开放。至于“线”要素的部分则以“保持绿化空间连续”为原则尽量减小布置规模，此外还可以在老年住宅周边的道路两旁设置让老年人自己管理的菜园、农地，这样既增加了老年人的生活情趣，又可以充分利用老年资源来管理维护部分绿地，并且这还能在住区产生田园气息，满足大部分老年人的恋村情节。最后，得到“复合集约型”老年住区的绿地广场组织分布示意图4.17。

流动的水有生气，同时水在风水学中又有聚气的作用，人类天生就有一种亲水性，所以在可能的条件下老年住区中应该尽量布置一定规模的水体，但是这并不意味着仅仅

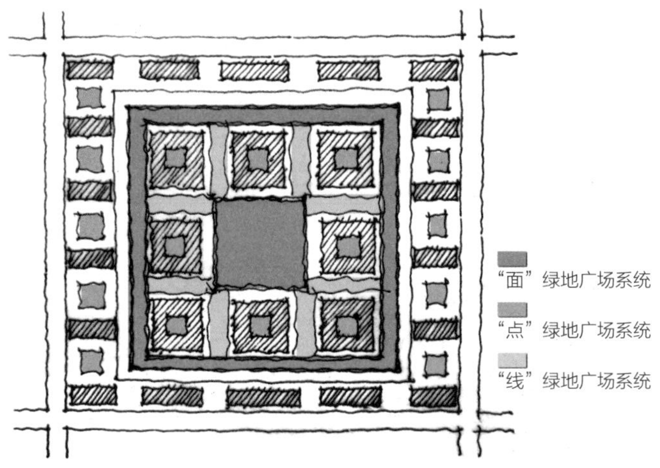

图4.17 “复合集约型”老年住区绿地广场组织分布示意图
Fig. 4.17 Green plaza tissue distribution diagram of "Complex-intensification" Elderly Residential Area

做一个很大规模的人工湖，比如北京太阳城中就设有一个约2万m^2的人工如意湖，实际调研中发现其使用率并不大，主要原因是在规划设计时将其布置在太阳城中心，与其他空间要素隔离开来，只可远观而不可近玩焉。所以在“复合集约型”老年住区中可以设计适中规模的水体，并一定要注意水体与周围空间要素的联系，让人们可以乐在其中。

4.3.4.2 布置形式

对于绿地广场的布置形式主要有三种——规则式、自由式以及二者的混合式，如图4.18所示。在这里不做过多限定，但据调查统计显示，相比之下老年人更喜欢自然化的不规则式布局，就像中国古典园林那样“虽由人作，宛自天开”，所以对“复合集约型”老年住区的绿地布置，尤其是“混住细胞”的庭院绿地，建议采用自由式的布置形式。

4.3.4.3 植物配置

对于植物的配置选择，要考虑对老年人的影响。一方面要注意植物的季节性搭配，让住区内一年四季都有不同的优质景观，尽量选择一些长青植物，避免花零凋谢给老年人带来的悲伤之感；另一方面要注意植物自身的性质是否对老年人有害，比如老年人由于抵抗力下降有时会对花粉过敏，当然还要注意植物的地域性选择。这些内容在相关书籍有详细论述，在这里想重点说一下行道树的选择配置，其余不赘述之。

对于道路两旁的行道树，在老年住区中一般选择常绿或落叶的小叶树种，这是要出于对老年人安全性的考虑。落叶散落在道路上，沾湿过雨水变得光滑，如果道路清洁工

图4.18 绿地广场的布置形式
Fig. 4.18 Arranged forms of green square
图片来源：《住区设计》（楚超超、夏健 编著）

没有及时打扫，老年人走在上面就有摔倒的危险；倘若叶子体积较小，即便没有人打扫，风也会把大部分叶子吹至道路两旁，这样会适当减小老年人滑倒的几率，无疑品种为非落叶的常绿树是最佳选择。

4.3.4.4 绿地指标

对于住区绿地的控制指标有两种方式，即人均公共绿地面积指标和绿地率（绿地占住区总用地的比例）指标。根据我国现行《城市居住区规划设计规范》的规定，住区内公共绿地的总指标应根据人口规模分别达到：住宅组团绿地不小于0.5m^2/人，居住小区（含组团）不小于1m^2/人，居住区（含小区与组团）不小于1.5m^2/人；对绿地率的要求是新区不低于30%，旧区改建不低于25%。在老年住区中，这两项指标都有所提高，根据《城镇老年人设施规划规范GB50437—2007》的规定，集中绿地面积应按不小于2m^2/老人控制；对绿地率的要求是新建区不低于40%，旧区改建不低于35%。在"复合集约型"老年住区中如是操作。

4.4 “复合集约型”老年住区的空间设计

本节将对“复合集约型”老年住区的几个典型空间进行设计研究，主要包括居住套型、混住细胞、生活街道和公共服务管理综合体四个较为典型的空间模型。

4.4.1 居住套型

4.4.1.1 套型种类

套型是户型的反映，其内部各功能空间的配置要与使用该套型的人口家庭构成及结构相适应。“复合集约型”老年住区的家庭构成主要包括老年家庭、网络式家庭、常态家庭和年轻独居家庭四种情况，其中老年家庭又可细分为老年独居家庭、老年夫妇家庭、老年核心家庭、老年主干家庭、老年联合家庭五种。那么与老年家庭相对应的套型则主要有空巢独居套型、普通老年套型和多代共居套型三种；而对于常态家庭、年轻独居家庭的对应套型实际上分别与空巢独居套型、普通老年套型较为相似，与当前市场开发的住宅或公寓套型无异；对于网络式家庭，其实居住的套型仍是上述种种，只是对两代间套型的彼此位置及距离有一定要求。此外，“复合集约型”老年住区中还设置了一定比例的养老床位，其可兼做护理康复病房、福利性床位等使用，而对于大多数老年人，其各自的家就相当于普通养老院的客房，所以对于“复合集约型”老年住区的居住套型，可归纳为表4.7。

表4.7 “复合集约型”老年住区的居住套型设置表

Table 4.7 Configuration about living dwelling size of "Complex-intensification" Elderly Residential Area

套型类别	适用家庭结构	老人与子女关系	产权形式
空巢独居套型	老年独居家庭、老年夫妇家庭	子女长期不与老人同住	可租可售，以租为主

续表

套型类别		适用家庭结构	老人与子女关系	产权形式
普通老年套型		老年夫妇家庭、老年核心家庭、老年主干家庭	子女短期可与老人同住	可租可售，以售为主
多代共居套型	同居型	老年联合家庭	同户，完全生活在一起	出售
	连居型		分户生活，但彼此相连	出售，可局部出租
普通套型	普通住宅套型	常态家庭	—	出售
	普通公寓套型	年轻独居家庭		出租

资料来源：作者自绘

4.4.1.2 套型设计

对于套型的设计，本书主要针对老年人居住的相关套型论述。其需要考虑多种因素，包括安全性、实用性、健康性、灵活性、无障碍等，相关书籍对这方面都有较系统详尽的论述，例如清华大学周燕珉教授的《老年住宅》。我们在这里主要以当前市场和老年人的调查调研为基础，重点分析思考下面三个问题，并结合相关资料与实例，给出“复合集约型”老年住区的各套型功能空间构成及相应参考意向套型。

（1）三点思考

关于功能用房

老年人由于其生理、心理以及生活构成的改变，对套内各功能用房的使用需求也会发生相应变化，与普通住宅相比，主要表现在厨房功能的下降、卫生间使用的增多和需要一些存储杂物的空间。

①厨房

老年人常常不喜做饭，饮食上追求简单便捷，甚至较少使用明火，所以他们对厨房的使用需求大大降低，但取消厨房空间又是万万不可的，饭桌是一家人联络感情的场所，当子女回来探望时，老老小小在厨房中忙碌的场景，更是体现着家的温馨。在套型设计时要充分考虑这一点，可适当减小厨房的使用面积，但不应低于4.5m^2（有轮椅进入使用时不低于6m^2），对于没有明火设备的厨房，其设置位置也会比较自由。

②卫生间

由于老年人泌尿系统的衰退，夜间使用卫生间的次数会明显增多，所以卫生间在套型设计中很是重要，其位置要尽量靠近卧室，同时尽量增大卫生间的使用面积，以更有利方便老年人的使用，最小使用面积不应低于4m^2。

③储藏空间

老年人都比较节俭，即使不能再次使用的东西，他们也不舍丢弃，因此长此以往堆放在家中的东西越积越多，既影响家里的视觉环境，更重要的是可能还会影响老年人的行动，甚至造成一定的危险，所以在套型设计时，我们要尽量见缝插针式地设计一定面积的储藏空间。

关于居住面积大小

现在我国的经济水平提高了，人们都喜欢买大房子，这是好事，但是大并不等于好，比如需要更长的时间去打扫卫生，并且尤其对老年人而言，如果房间面积很大而住的人却很少，就会使其产生空荡荡的独孤之感，这对老年人的身心健康尤其不利。此外，我国风水学中也有“人少屋大不利健康”一说。所以我们在进行套型设计时，要按照假定居住人口的多少来设计套型，使其尺度更加亲人，面积在适用的情况下尽量减小。

在此，建议套型面积以中等大小（一般为80～100m^2）为主（50%左右）、小套型（一般60m^{2}以下，30%左右）和大套型（一般120m^{2}以上，20%左右）为辅，具体的面积大小及配置比例要按项目所在地的实际市场需求确定。

此外，由于老年住宅内存在一定规模的服务管理用房以及老年人对某些建筑空间尺度要略大于正常情况，所以往往导致居住套型的公摊面积较大，即得房率不高。这在一定程度上会影响消费者的购买选择，所以我们建议这部分“增多的公摊面积”开发商可以负担，当然最好政府能够给予一定的补贴；或者此部分面积可以放到物业管理的相关办法中。

关于私密性与空间秩序

通过调研很多养老院和老年住区，除其他因素外，单从老年人居住的套型来看，多数给人的感觉不是“家”而更像旅馆的“客房”，如图4.19所示。究其原因，主要在于其居住空间的私密性不强，私密性最弱的出入口与私密性最强的卧室间的空间秩序（路径）多为直线形，各主要功能空间一眼便能望穿，如图4.20所示。所以我们可以通过将空间秩序变为折线形或在直线形空间秩序上做视线阻隔来增强居住空间的私密性，如图4.21所示。

图4.19 “客房”式套型

Fig. 4.19 "Guest room" style dwelling size

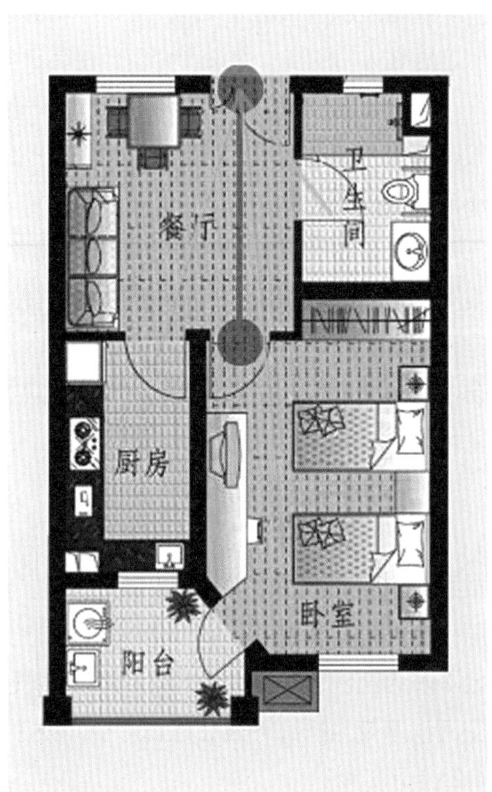

图4.20 直线形空间秩序（路径）

Fig. 4.20 Linear spatial order (path)

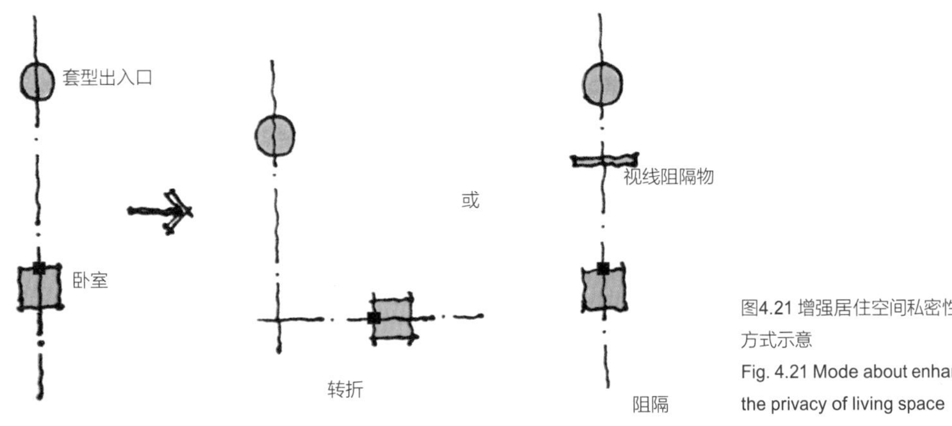

图4.21 增强居住空间私密性的方式示意

Fig. 4.21 Mode about enhancing the privacy of living space

（2）各套型功能空间构成及参考意向套型

下面我们在上述分析的基础上，按照表4.7中总结的“复合集约型”老年住区的套型种类（主要为老年套型），给出各套型功能空间构成及参考意向套型。

1）各套型功能空间构成，如表4.8所示：

表4.8 “复合集约型”老年住区各套型功能空间构成表

Table 4.8 The composition table of condominiums functional space of "Complex-intensification" Elderly Residential Area

<table>
<tr><th rowspan="2">功能空间名称</th><th colspan="3">空巢独居套型</th><th colspan="3">普通老年套型</th><th colspan="2">多代共居套型</th></tr>
<tr><th>设置数量</th><th colspan="2">备注</th><th>设置数量</th><th colspan="2">备注</th><th>设置数量</th><th>备注</th></tr>
<tr><td>卧室</td><td>1</td><td rowspan="2">可合用</td><td>—</td><td>1或2</td><td colspan="2">—</td><td>3或4</td><td>—</td></tr>
<tr><td>起居室</td><td>≤1</td><td rowspan="2">可合用</td><td>1</td><td rowspan="2">可合用</td><td>—</td><td>1或2</td><td rowspan="2">可合用</td></tr>
<tr><td>餐厅</td><td>≤1</td><td rowspan="2">可合用</td><td>1</td><td>可合用</td><td>1或2</td></tr>
<tr><td>厨房</td><td>1</td><td>—</td><td>1</td><td></td><td>—</td><td>1或2</td><td>—</td></tr>
<tr><td>卫生间</td><td>1</td><td colspan="2">—</td><td colspan="2">1</td><td>—</td><td>1至3</td><td>宜分主次卫</td></tr>
<tr><td>阳台</td><td>≤1</td><td colspan="2">宜设阳台</td><td colspan="2">1或2</td><td>至少一个南向阳台</td><td>2或3</td><td>至少两个南向阳台</td></tr>
<tr><td>玄关</td><td>0</td><td colspan="2">—</td><td colspan="2">1</td><td>—</td><td>1或2</td><td>—</td></tr>
<tr><td>书房</td><td>0</td><td colspan="2">—</td><td colspan="2">≤1</td><td>功能可变</td><td>1</td><td>功能可变</td></tr>
<tr><td>其他</td><td>≤1</td><td colspan="2">保姆房</td><td colspan="2">≤1</td><td>储藏间</td><td>1或2</td><td>保姆房等</td></tr>
</table>

资料来源：作者自绘

各套型参考意向套型

①空巢独居套型参考意向（见图4.22）：

图中：（a）为一居室套型，（b）为一室一厅套型（暗厨），（c）为一室一厅套型（含保姆房），（d）为一室一厅套型（明厨）。

②普通老年套型参考意向（见图4.23）：

图中：（a）为两室一厅套型，（b）为两室一厅套型（南北卧），（c）为两室一厅套型（含保姆房），（d）为一室一厅套型（含保姆房）。

③多代共居套型参考意向（见图4.24）：

图中：（a）为多代同居独卧套型，（b）为多代同居独卧独卫套型，（c）为多代同居独卧独卫独厨套型，（d）为多代同居独卧独卫独起居室套型，（e）为多代同居独套套型，（f）为多代水平连居套型，（g）为多代垂直连居套型。

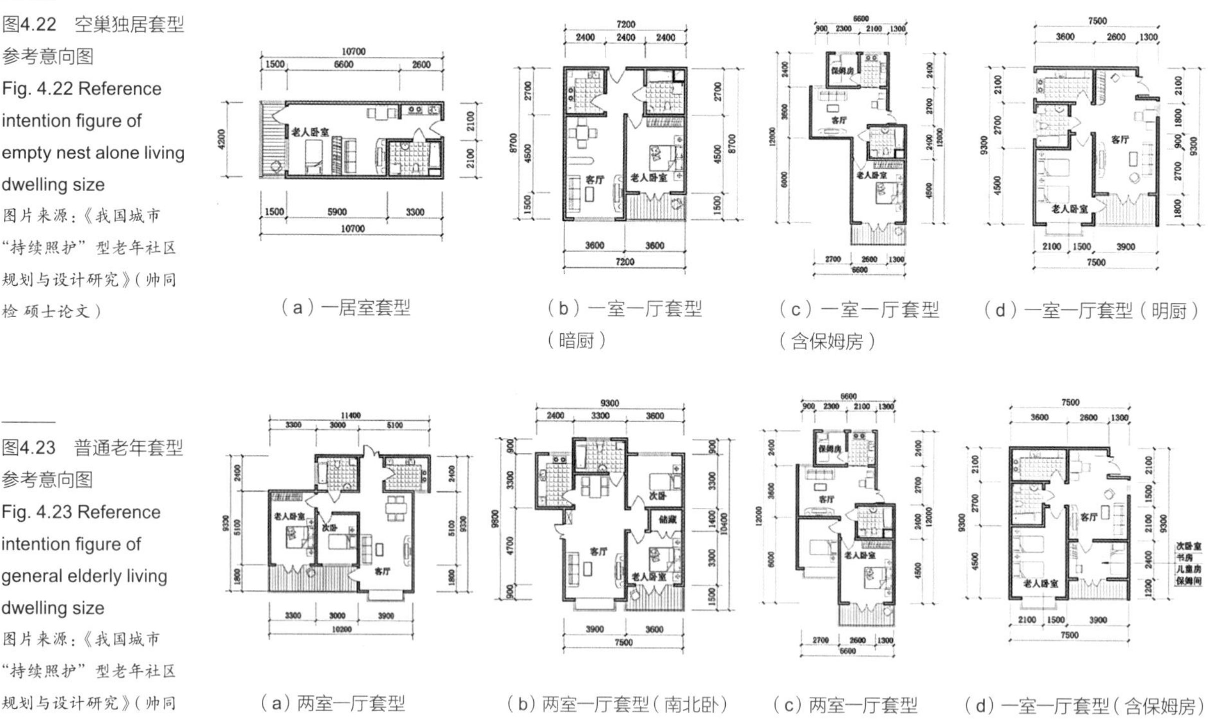

图4.22　空巢独居套型参考意向图

Fig. 4.22 Reference intention figure of empty nest alone living dwelling size

图片来源：《我国城市“持续照护”型老年社区规划与设计研究》（帅同检 硕士论文）

（a）一居室套型　（b）一室一厅套型（暗厨）　（c）一室一厅套型（含保姆房）　（d）一室一厅套型（明厨）

图4.23　普通老年套型参考意向图

Fig. 4.23 Reference intention figure of general elderly living dwelling size

图片来源：《我国城市“持续照护”型老年社区规划与设计研究》（帅同检 硕士论文）

（a）两室一厅套型　（b）两室一厅套型（南北卧）　（c）两室一厅套型（含保姆房）　（d）一室一厅套型（含保姆房）

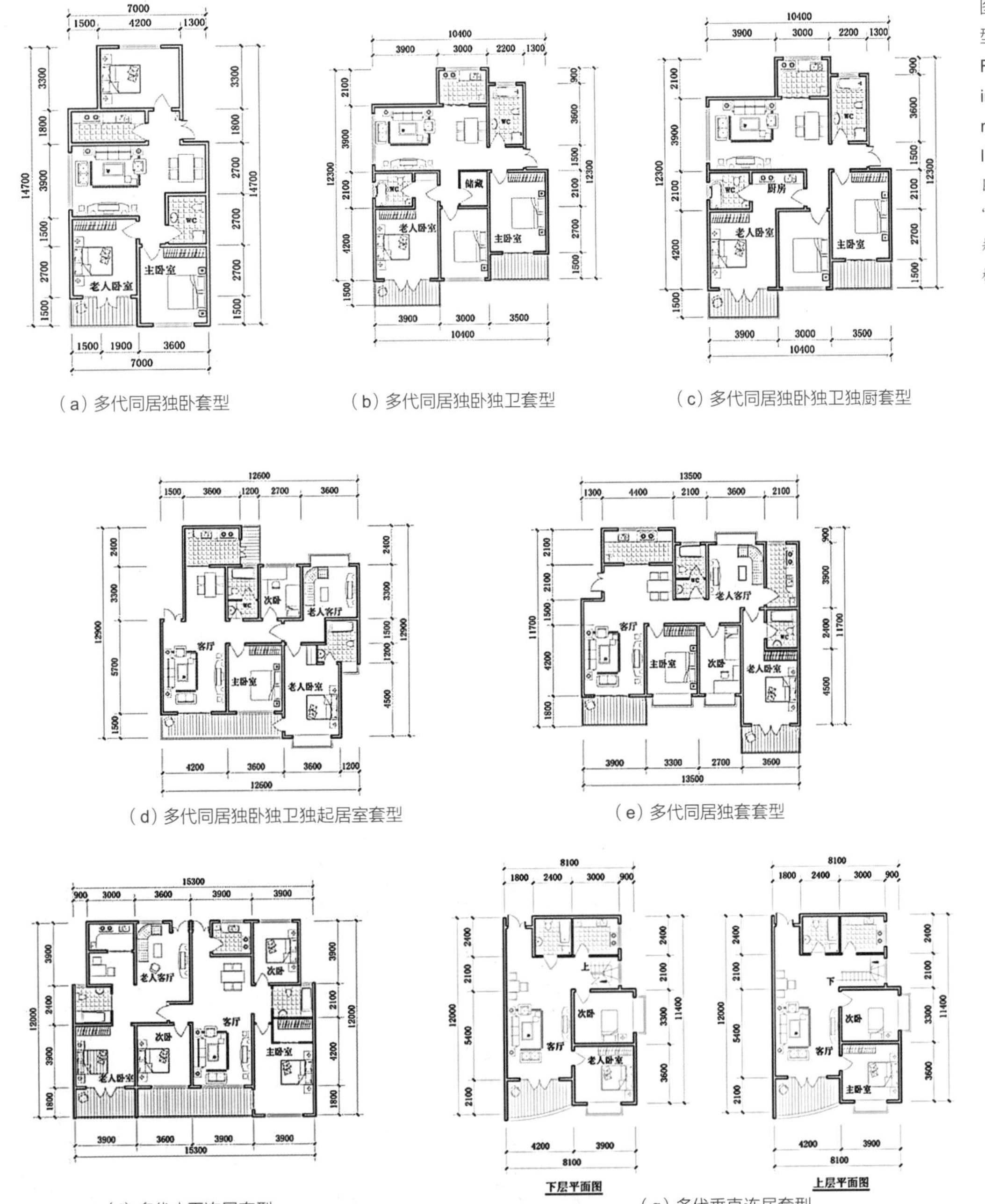

（a）多代同居独卧套型

（b）多代同居独卧独卫套型

（c）多代同居独卧独卫独厨套型

（d）多代同居独卧独卫独起居室套型

（e）多代同居独套套型

（f）多代水平连居套型

（g）多代垂直连居套型

图4.24 多代共居套型参考意向图

Fig. 4.24 Reference intention figure of multi-generational living dwelling size

图片来源：《我国城市“持续照护”型老年社区规划与设计研究》（帅同检 硕士论文）

4.4.2 混住细胞

前面我们提到“混住细胞”的概念，它是“复合集约型”老年住区中老年人集中居住部分的“居住组团”，是“复合集约型”老年住区这个家庭式大养老院的“护理单元”。对于其空间的营造，要有相对的封闭性，通过“院子”来组织空间，增强老年人的归属感与安全感，使他们在其中居住、休憩、谈笑……每一个“混住细胞”就是一个“大家庭”。

但如何具体地营造这种“大家庭”空间呢？地面层做院子比较简单，空中院子合适吗？在“混住细胞”中，自理老人、介助介护老人、中年人、年轻人等等都应如何分布？……下面我们就本着适老及相对经济、易于操作的原则，从以下几个方面做一解答：

4.4.2.1 “混住细胞”中“院子”空间的营造

（1）对“院子”的理解

要营造“院子”空间（主要指合院空间），首先要清楚到底什么是“院子”，结合图4.25所示，我们认为“院子”有以下四方面空间特征：①向心性，这主要指院子多在建筑群体的中心，并且建筑的入口立面都面向院子，这样才能保证人和院子产生积极共鸣；②封闭性，即院子要有一定的围合感、私密性，从外面一般看不到院子里发生的事情，这样才能让拥有院子的人感到这是自己的院子、是安全的；③亲人性，这是说院子的大

图4.25 我国传统建筑的院子
Fig. 4.25 The yard of Chinses traditional building
图片来源：网络

小问题，院子很大会给人感觉很空旷，很小又会给人很压抑的感觉，所以院子的大小要亲人，既不能过大也不能过小；④可用可观，这是指院子的空间功能，院子是生活的场所，所谓生活，就要使得人们能够在院子里面发生事件，院子是可以用的，同时院子也应该具有良好的景观，这对建筑微环境的营造会起到相当作用。

（2）对“院子”的设计

所以，对“复合集约型”老年住区“混住细胞”中“院子”的营造，重点从以下四个方面进行设计：

接地气的“大院子”与空中的“小院子”

“院子”可以说是自古以来中国人特有的空间情结，随着现代楼房的长高，落在大地上的院子不是家家都能有的，但这并不能改变人们对自家小院的向往，所以现在有很多设计师都对空中垂直院落的设计感兴趣，比如中国杭州零壹城市建筑事务所在由ARQUIA举办的国际高层住宅设计大赛中的Writhing Tower设计（见图4.26）就源于垂直院落的理念。对于这样类似的设计表达有很多，在此不深入探讨这个问题，但是考虑到经济技术上的可行性以及老年人彼此交往的需求，我们对混住细胞“院子”的设计主要通过适当围

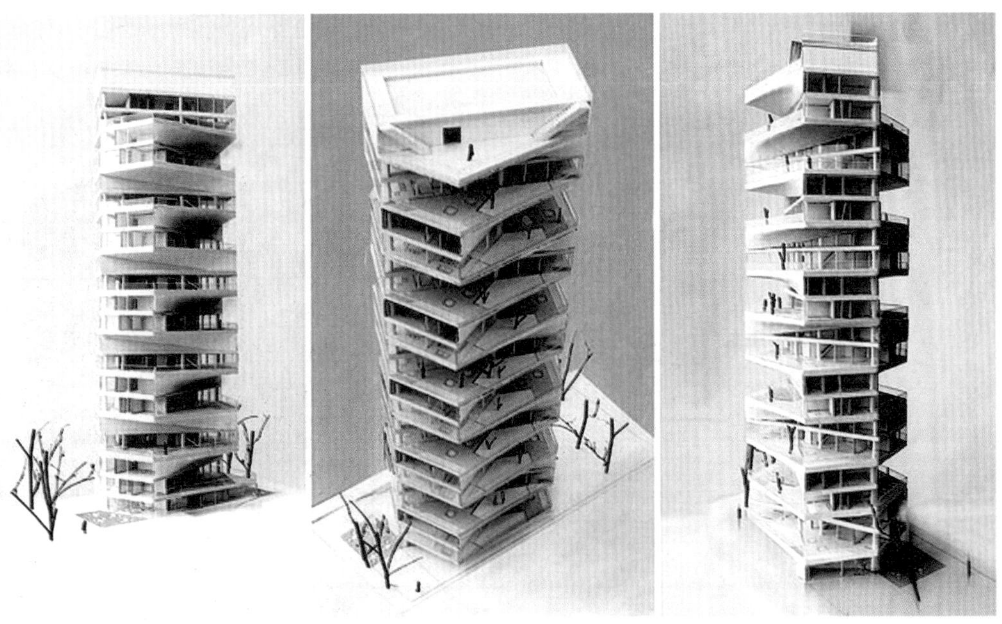

图4.26 Writhing Tower设计模型
Fig. 4.26 Design model of Writhing Tower
图片来源：网络

合前后住宅楼间的场地而形成的接地气“大院子”（见图4.27），这样在技术层面并不复杂，比较实际经济，并且也有利于前后两栋住宅楼的彼此交往。

此外，我们也可以利用住宅套型的阳台空间，形成空中“小院子”，考虑老年人的活动特征及需求，其进深净尺寸不宜小于1.5m，并且可以采用彼此错落的方式来增加居民的交流，如图4.28所示，不过同时也要注意住宅私密性的保护。当然，在这里我们主要讨论“大院子”的情况。

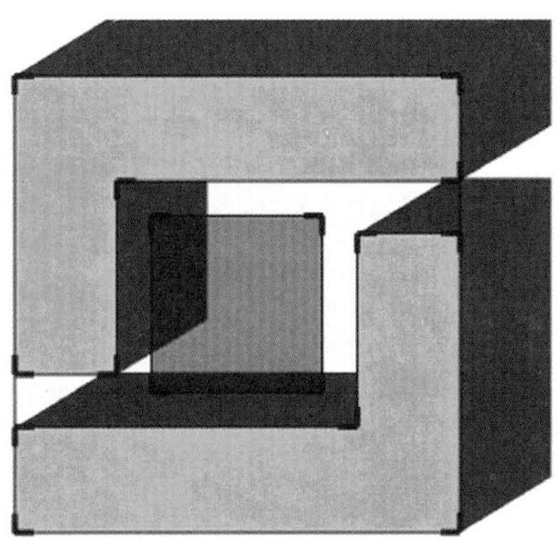

图4.27 “大院子”示意
Fig. 4.27 "Big Yard"

图4.28 错落式的阳台
Fig. 4.28 Scattered balconies
图片来源：网络

向心性与封闭性的营造

关于“院子”向心性与封闭性的营造，我们需要五个步骤：

如图4.29所示，对于比较普通的两栋住宅楼（见图4.29中a），入口多在北面，这样两个住宅楼间的场地实际上主要被南侧楼所使用，我们通过将北楼的入口改向南面（见图4.29中b），这样使得两楼共用楼间场地，这是“院子”形成的第一步；第二步我们在南楼北向设计外廊（见图4.29中c），这样使得二层以上住户都可以与楼间场地发生对话，这两步可以说是“院子”向心性的营造。

这还不够，所谓院子，一定要有围合封闭感。如图4.30所示，影响其封闭感形成的主要原因在于东西两侧部位的开敞（见图4.30中a），我们可以通过将住宅楼适当转角加建来形成围合封闭性空间（见图4.30中b），此为第三步；但是这样会影响部分住宅的采光（见图4.30中c），对于东侧位置，其本来就处于南楼阴影处，我们可以按照太阳照射的光线角度调整此部分的高度（见图4.31），此为第四步；对于西侧位置，我们可以适当断开转角处与北楼的连接部位，而用墙的方式连接北楼（见图4.30中d），使得空间封闭，此

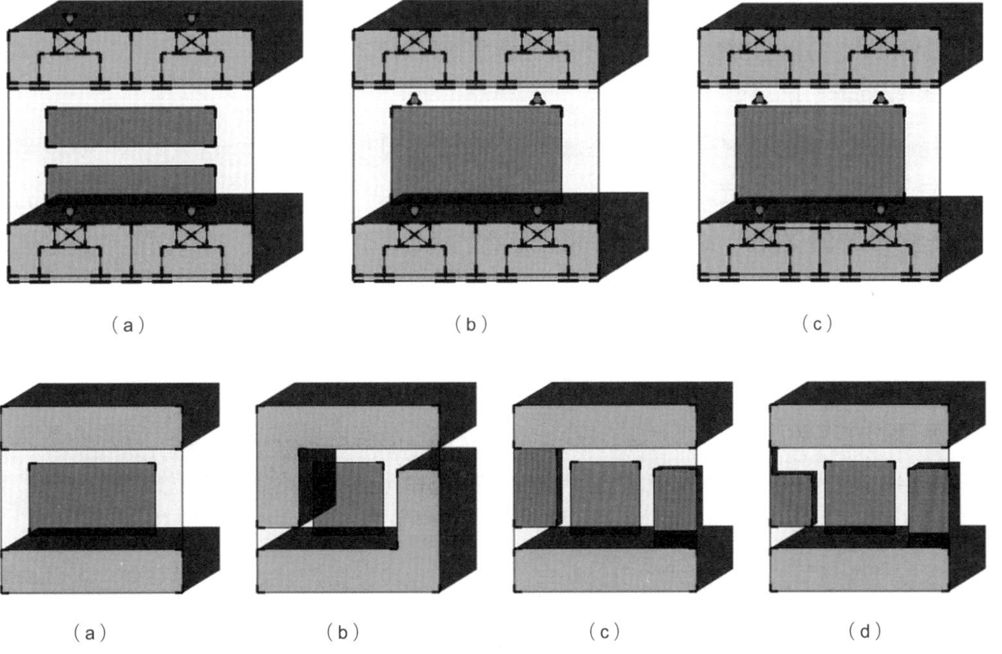

图4.29 “院子”向心性的营造
Fig. 4.29 To create the concentric of "Yard"

图4.30 “院子”封闭性的营造
Fig. 4.30 To create the closed of "Yard"

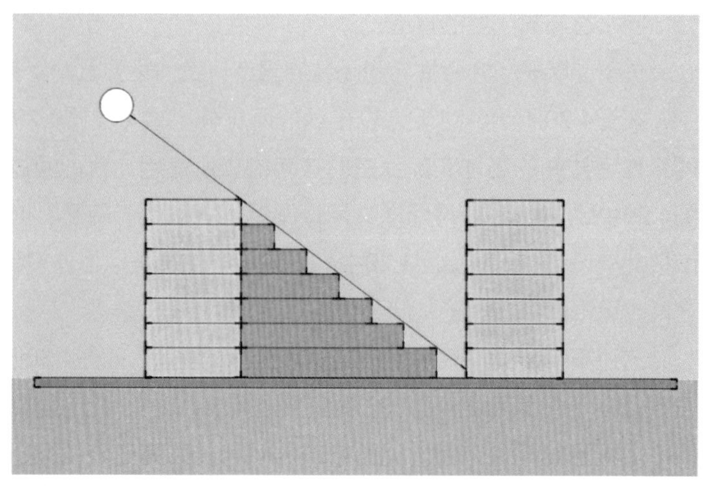

图4.31 高度调整示意
Fig. 4.31 Schematic of height adjustment

为第五步。这三步可以说是“院子”封闭性的营造。

对于东西向新加的空间，并不会像传统的合院配屋那样用来居住，这部分空间可以用来作为“混住细胞”的服务管理用房，按照本章第3节给出的“复合集约型”老年住区公共服务设施层级配置表4.5中计算，“混住细胞”中服务管理用房的面积大约在250～450m^2，并且这部分面积做到一层或两层就足够了。

（3）“院子”的尺度

我们建议“院子”的平面大小在30m×30m左右见方。一方面，这大概是两栋住宅楼日照间距的距离和一般两单元住宅楼除去两侧转角空间后的长度；另一方面，900m^{2}的室外场地容纳270人左右，这样相当于每人拥有的场地面积约3.3m^2，这个数值还是比较亲人的。

竖直方向建筑的高度不要太高。对于南北两侧的住宅楼，考虑到相关规范中关于老年住宅四层及四层以下应设电梯的规定和开发容积率要尽量大等因素的要求，我们认为南北两侧的住宅楼宜做到七层左右，小于24m，这个高度还是可以接受的，而东西两侧的建筑高度上面已经提到为一层或两层，这个高度也是可以的，不会给人压抑之感。

（4）“院子”的布置

对于“院子”的布置形式，可以是自由式的，也可以是规则式的，甚至是二者结合式的，在此不作深入探讨，仁者见仁，智者见智。而对于其布置内容，要主要考虑营造老年人交往、生活、健身所需的功能设施，比如晾晒被褥的场地、用来聊天下棋的亭子、健身器材、树木绿地等等，总之，要让这个“院子”不仅可观更要可用。

4.4.2.2 “混住细胞”中人口构成的分布

在“复合集约型”老年住区的“混住细胞”中有160人左右的自理老人、40人左右的介助介护老人（介助约27人、介护约13人）、70人左右的非老年人口，共270人左右。对于他们的居住分布情况：介助介护老人相对集中在一层，老年人口宜在四层及四层以下居住，其余人口主要集中在5至7层，但要注意非老年人口仍要有一部分分散随机混入四层及以下。这样做既有利于服务管理的方便，也有利于不同人群邻里微环境的形成。

在这里需要特别说一下独居年轻人口的居住问题。如图4.32带颜色部分，独居年轻人口所需的套型面积一般都不大，多类似于旅馆的客房，我们在设计时可以见缝插针式地将其设置在家庭式大套型之间。独居的年轻人主要以租的形式居住，一般不会购买房屋产权，这样这些“客房”以后还可以与其旁边的大套型构成多代连居套型，并且这些“客房”也是主要的独居老人的居住套型，可以说是一举多得。

4.4.2.3 “混住细胞”的空间识别性

如果说每个套型空间是老年人的“小家”，那么“混住细胞”就是他们的“大家”，我们要保证其有较强的空间识别性。对于“混住细胞”的空间识别性，重点在入口处。入口是进入某一领域的标志，其识别性非常重要。同传统居住建筑的“门”与“户”一样，在“混住细胞”范围有两个门，一个是进入“混住细胞”的院门，另一个是住宅单元入户的门。老年人由于有的不识字，并且他们对数字和文字的敏感度也都不高，所以在对入口空间进行识别性设计时，我们可以利用颜色、材质、形态、细部等的对比处理来强调

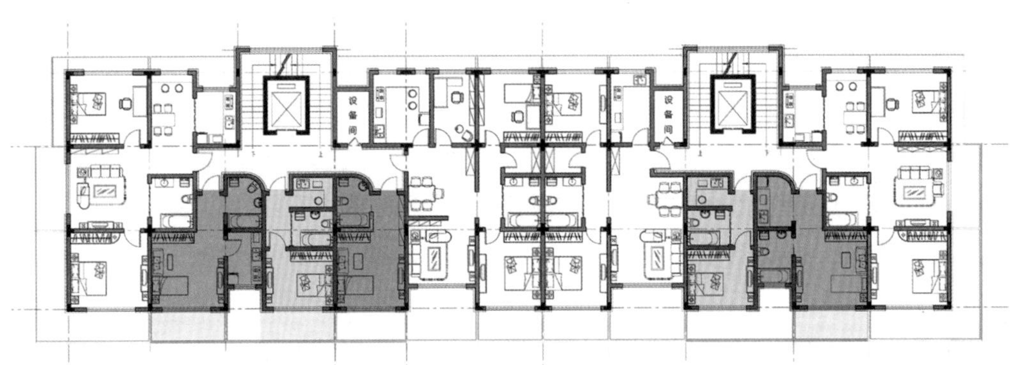

图4.32 独居年轻人口居住示意
Fig. 4.32 Living schematic for live alone young population

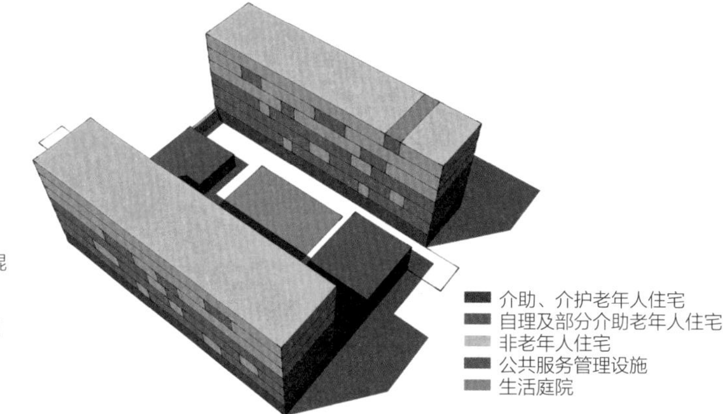

图4.33 “复合集约型”老年住区的“混住细胞”概念模型
Fig. 4.33 "Mixed live cells" conceptual model of "Complex-intensification" Elderly Residential Area

空间的识别性，此外还可以通过设立主题雕塑、壁画等方式，增强老年人的图像记忆，从而提高识别性。

对于“混住细胞”整体空间识别性的增强则可通过不同形式、不同主题的“院子”空间布置以及围合界面的个性变化来实现。

综上所述，并结合前面的套型模型，可得到“复合集约型”老年住区的“混住细胞”概念模型，见图4.33。

4.4.3 生活街道

对于“生活街道”的概念，是由2004年牛津布鲁克斯大学牛津可持续发展学院的伊丽莎白·伯顿教授提出的，他认为生活街道是“一生的街道”，即在使用者一生的时间里，不论其生活能力和健康程度如何改变，他们居住的街道和社区都应易于使用，并能为他们提供生活上的享受，这实际上说的是CCRC，本书在这里仅引用“生活街道”这个名词。“复合集约型”老年住区中的“生活街道”，就是为住区居民尤其是老年人提供生活需求及市井气息浓厚的一条街道，对应的是整个住区公共服务设施三级系统中的第二级。

为什么要做这样一个场所空间？这实际上来自我国传统的“街市”概念。自宋朝以

图4.34 清明上河图局部
Fig. 4.34 Part of Riverside
图片来源：网络

来，城市的里坊制瓦解，取而代之的是开放的街巷制，沿街设市，比如北宋清明上河图中所描绘的情景（见图4.34），熙熙攘攘的街市，给人以生活的气息，这种空间形态一直影响着中国人，即使到了今天，比起综合性的大商场，人们还是喜欢走街串巷的感觉，所以乌镇、山塘街、南锣鼓巷等才会如此盛名。在“复合集约型”老年住区中，我们也希望设计一条生活气息很浓的市井街道空间，让老年人行走其中，买买这个、看看那个，享受生活的乐趣。

结合我国传统街道的特点、老年人的现实需求以及“复合集约”的构思要求，对于“生活街道”这一空间的营造需要从以下几方面进行：

4.4.3.1 “生活街道”的功能

“生活街道”的公共服务设施主要有餐厅、茶室、超市、小型店铺、理发店、照相馆、邮政储蓄、棋牌活动室、老年诊所、街道办事处及市政设施等。这些公共服务设施的建筑面积在1200～2500m^{2}左右，不是很大，这就存在一个问题：对于一条长短在200m左右的街道而言，如果沿街两侧都布置公共服务设施的话，那么做出的公共服务设施的面积要是实际所需面积的2～3倍，这就不“集约”了，实际也没必要，反而给这些公共服务设施的经营带来压力，所以我们采用“断续连接”的方式来布置“生活街道”的公共服务设施，如图4.35所示，上面为“连续连接”的做法，下面即是“断续连接”的做法。所谓“断续连接”，就是指从街道一侧看，公共服务设施是间断的，但是在间断处的街道另一侧又设置公共服务设施，使得街道在整体上又是连续的。

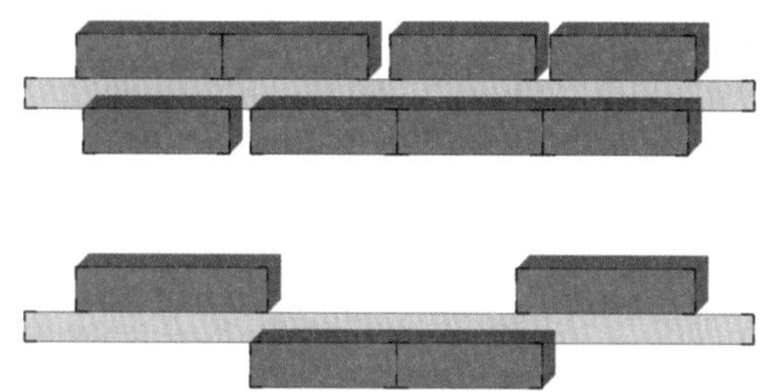

图4.35 “连续连接”与“断续连接”
Fig. 4.35 "Continuous connection" and "intermittent connection"

4.4.3.2 “生活街道”的空间形态

对于街道的空间形态，主要从构成街道空间的基面与侧立面要素两方面的形态进行设计研究。

（1）基面形态

基面形态，实际就是指街道的平面形态。其形态要弯弯曲曲、有收有放、不能一眼望穿，这样才有味道，才有中国的街巷空间韵味（图4.36）。这既增加了街道空间的情趣，也可以降低汽车的行驶速度，进而增加老年人的步行安全。此外，这样的基面形态是非常符合老年人步行特征的，图4.37为不同人群步行特征对比图。

图4.36 中国传统街巷空间的韵味
Fig. 4.36 The charm of Chinese traditional street
图片来源：BDG建筑工程设计事务所

（2）侧立面形态

侧立面形态就是指围合街道两侧建筑群的立面组合形态，从我国传统街巷的两侧建筑群立面组合得到启发（图4.38），既要保证“生活街道”的侧立面天际线高低起伏，还要尽量使得侧立面与人发生密切关系的一层或二层的楼板彼此错落有致。同样，这样做出的街道空间才具趣味性、才是具有我国传统街道的空间特征的。

此外，有时还可以适当考虑街道的顶面要素，在某些适宜部位做过街楼、花架等，使街道空间在顶面上也是富有变化的。

图4.37 不同人群步行特征示意

Fig. 4.37 Walking characteristics to indicate for different groups of people

图片来源：杨鹏举绘

图4.38 传统街巷的两侧界面

Fig. 4.38 Both sides interface of traditional street

4.4.3.3 “生活街道”的尺度

对于“生活街道”尺度的把握，主要取决于街道宽D与两侧界面高H的比值。日本著名建筑师芦原义信先生在《街道的美学》中提出：当D／H＞1时，随比值的增大会产生远离感，超过2时则产生宽阔感；当D／H＜1时，随比值的减小会产生接近感；当D／H＝1时，高度与宽度间存在一种匀称感，如图4.39所示。并且他还认为当D／H＝1.3时，是较舒适亲人的尺度。在“生活街道”中，两侧的公共服务设施的界面高度可以做到6m左右（约两层），按照1.3的比值，街道的适宜宽度大约在8m，这个距离也满足相邻两栋楼的防火间距，所以“复合集约型”老年住区的“生活街道”的D／H值可以在1.3左右，且不宜超过这一比值。

“生活街道”的长度在200m左右是比较适合的，这主要是考虑老年人的步行疲劳距离和视线辨析距离，并结合“复合集约型”老年住区的用地范围而提出的。

4.4.3.4 “生活街道”与住户的关系

为了让“生活街道”更好地与居民发生关系，使其与他们的生活紧密相连，“生活街道”两侧除了有公共服务设施以外，还应该有部分居住建筑，并且居住建筑的院门有的可以直接开向“生活街道”，这个实际在我国传统街巷中已有类似做法，如图4.40所示。但是这样做要注意不能让“生活街道”干扰居民的生活休息，甚至威胁居民的安全性，所以我们建议这样的居住建筑不要多，并且居住功能尽量不要布置在一层或二层，此外还要加强这一区域的管理。当然，也不排除就有喜欢居住在这样环境中的住户。

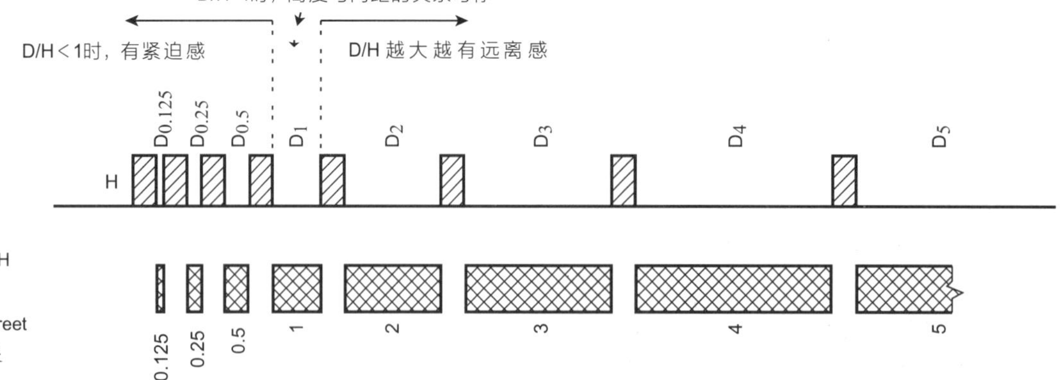

图4.39 街道中D／H的关系

Fig. 4.39 D／H of street

图片来源：《街道的美学》（芦原义信 著）

图4.40 传统街巷中的沿街住宅
Fig. 4.40 Residentials along traditional street
图片来源：闫玉龙摄

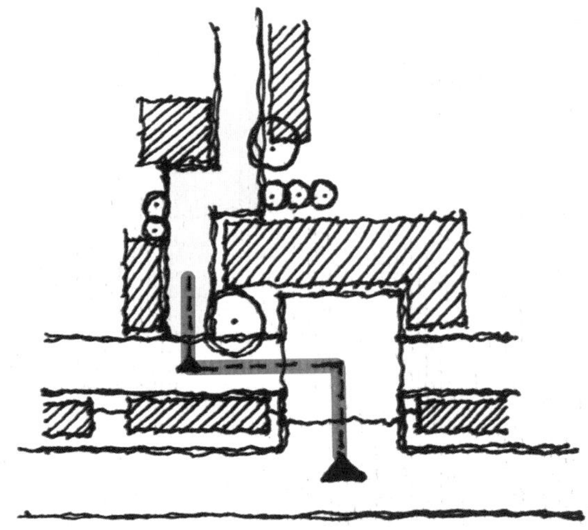

图4.41 “既露又不透”示意
Fig. 4.41 "Neither transparent nor dew"

4.4.3.5 “生活街道”的私密与开放

由于“生活街道”是服务于住区内居民的，并且主要还是老年人，所以其应该是相对私密封闭的，这样有利于其不被外界干扰，保证一定的安全性。但是过于封闭私密也是不可取的，一方面这既不利于街道内公共服务设施的扩大化经营，另一方面也不利于老年人适当接触陌生人而获得更多的信息与交往，因此我们还要适当地保证“生活街道”的开放性，那么反映在规划布局上，可以使其一端适当通向住区外，做到既露又不透，如图4.41所示。

4.4.4 公共服务管理综合体

现在“综合体”这个词比较时髦，我国很多城市都在兴建商业综合体、城市综合体，我们也在“复合集约型”老年住区中建一个“综合体”——公共服务管理综合体。其相当于住区服务管理的总台，而“混住细胞”则相当于住区服务管理的分站。

公共服务管理综合体的功能主要包括两大部分：服务性功能与管理性功能。所谓服务性功能，是指为住区提供相关服务的功能，主要包括老年活动中心、住区医院、老年大学、图书馆、多功能厅、宾馆、老年护理中心等，基本为规模较大、使用频率不是很高、可以滞后建设的公共服务设施；所谓管理性功能，是指为住区提供相关管理的功能，主要包括物业管理中心、服务咨询中心、老人会（业主委员会）、老人社团联合会等。

将上述各功能集于一栋建筑内，使其彼此功能空间相复合，这样既有利于节约建设资源，还可以增加老年人交往的机会，比如老张要去住区医院，老王要去老年活动中心，他们就有可能在公共服务管理综合体的入口大厅相遇。此外，公共服务管理综合体在“复合集约型”老年住区的建设销售期，还应该充当售楼处和住前体验馆，所以我们在设计时，要考虑到其功能置换的可能。

关于其具体的设计，不同的设计师会有不同的作品，此不详论。至于规模层面，我们在前面已有相关论述，建议规模（即建筑面积）在2500～5000m^2左右。

4.5 “复合集约型”老年住区的总体概念模式图

4.5.1 总体概念模式图及相关指标

4.5.1.1 总体概念模式图

结合前一部分的分析论述，将得出的居住空间、公服设施、道路交通和绿地广场四大方面的组织分布示意图，将其正片叠底（如图4.42所示），便可绘制出“复合集约型”老年住区的总体概念模式图4.43。

图4.42 正片叠底示意
Fig. 4.42 Multiply schematic

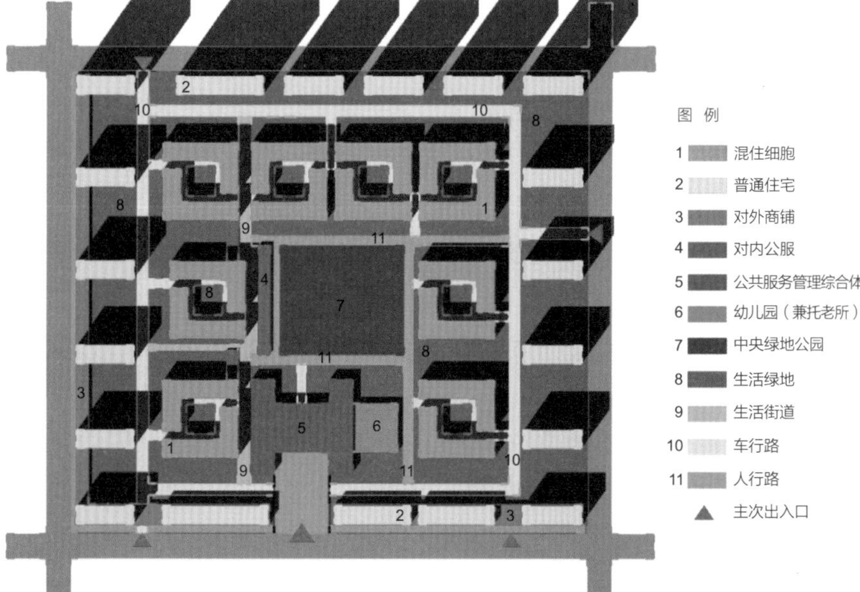

图4.43 “复合集约型”老年住区总体概念模式图
Fig. 4.43 Overall conceptual model diagram of "Complex-intensification" Elderly Residential Area

下面结合“复合集约型”老年住区的总体概念模式图，分别描述“复合集约型”老年住区的居住模式、生活交往模式和服务管理模式。

（1）居住模式

在这里居住的居民有老年人、中年人、青年人和儿童，这与我们普通的居住区是一样的，只是老年人所占的比例大一些，在45%左右。这些老年人主要生活在老年人集中居住区——CCRC内（图中内环部分），有身体健康的自理老人，也有需要介助介护的老人，甚至还有一小部分非老年人口，他们混住在一起，并以每270人左右的规模构成一个“混住细胞”，即相当于一个居住组团，该区域内都是多层住宅，每栋住宅都有电梯和专门为老年人设计的老年住宅以及二代居、网络式家庭等形式的住宅，无论什么身体状态与心理需求的老年人都可以安心、舒适地住在这里。住区内剩余的大部分非老年人口和小部分老年人则居住在常态普通居住区——AAC中（图中外环部分），这里主要以高层建筑为主，采用较为开放的空间布局，区域内充满活力，适于年轻化人口的生活居住。

此外，考虑到子女、亲属以及部分外来老人的临时居住需要，在住区的公共服务管理综合体内还配置一定规模的“宾馆式”客房以备其用。

（2）生活交往模式

充分考虑老年人对生活交往层面的迫切需求，在“复合集约型”老年住区中设计营造了三大层面的生活交往空间：

①第一层面——公共起居室、错落式阳台与院子

这是离老年人最近的一个层面，主要对应的是老年人的邻家活动圈范围。我们通过在住宅内设计公共起居室、错落式阳台来增加老年人彼此交往的机会，在每两栋住宅间（即“混住细胞”）设计半封闭式的院子，形成归属感较强的安静交往场所，在这里邻里之间彼此聊天、谈笑、对弈……悠然自得。

②第二层面——生活街道与中心绿地广场

这主要对应的是老年人的基本生活活动圈范围。专门设计了一条生活气息很浓的生活街道（图中内环左侧道路），让老年人“活”在其中：逛早市、聚会吃饭、打牌玩麻将、理发、邮寄信件……同时我们还在住区的中心部位设计了一个绿地广场公园，让老年人“乐”在其中：打拳、跳舞、遛鸟、垂钓……其乐融融。

③第三层面——公共服务设施综合体与边界活动场

这主要对应的是老年人的扩大邻里活动圈范围。首先，在“复合集约型”老年住区的

入口处，设置了一个7000m^{2}左右的公共服务设施综合体，其内有老年活动中心、老年大学、图书阅览室等功能，老年人可以在其中接触更多的人，扩大交往；其次，在老年集中居住区与常态普通居住区的交界位置，我们设计了一些较为活力的活动场地，多为小型球类运动场，老年人可以在这儿打打球、健健身，并且这些边界活动场也是年轻人必要的活动场所，老年人和年轻人之间也有了更多接触的机会。

此外，还要重点说一下，在“复合集约型”老年住区中，我们还专门设置了一个幼儿园（图中公共服务管理综合体右侧），幼儿园的活动场地与中心绿地广场相望，让老年人彼此聊天的同时还能看到自己的孙子在嬉笑玩耍，多么惬意！

（3）服务管理模式

在本书第3章第5节中已经较为详细地论述了“复合集约型”老年住区的服务管理模式为：“住区与养老机构的复合相融”的、“小封闭大开放”的、“以市场为主导的老人与服务管理一体化”的模式，并在本章第2节功能构成中具体给出了多种类、可选择的为老服务，在此，我们仅结合“复合集约型”老年住区的总体概念模式图做简单描述。

在“混住细胞”中，我们设置了餐厅、棋牌室、手工制作室，同时还设有护理病房和康复室，并配有相应的服务人员，满足老年人生活和护理上的最基本需求，在物业管理层面，设置管理小站，采用较封闭式的、管家式的管理，保证老年人居住生活的安全、安静。实际上管理小站的管理者也可以适当聘请住区内的老人，如同电视剧里的“马大姐”的人物设定，既亲切又负责。

在生活街道及中心绿地广场上配置前面提到的理发店、邮政储蓄等普通基本功能设施和棋牌活动室、老年诊所、老年咨询室等为老服务设施，让老年人得到全方位的服务。

最后，在公共服务管理综合体中设置老年活动中心、住区医院、服务管理中心、宾馆、业主委员会与街道办事处等功能，再进一步满足老年人需求的同时，对住区实行总体上的开放式管理。

4.5.1.2 相关指标

“复合集约型”老年住区总体概念模式图主要反映的是其总体的功能布局与各系统的总体组织结构，图中具体的用地规模、房屋个数等主要是参考较为理想状态时的情况，这并不是唯一确定不变的，而是有一个建议的范围值，下面就在结合前面论述种种，给出如下相关指标，见表4.9所示。

表4.9 “复合集约型”老年住区主要技术经济指标

Table 4.9 The main technical and economic indicators of "Complex-intensification" Elderly Residential Area

项目				指标		
				分指标	总指标	理想指标
规模	总用地规模		老年集中部分（CCRC）	4.0～11.8公顷	5.7～16.9公顷	9.3公顷
			常态普通部分（AAC）	1.7～5.1公顷		
	总人口规模	人数	老年集中部分（CCRC）	1333～3333人	2600～7700人	4200人
			常态普通部分（AAC）	1300～4300人		
		户数	老年集中部分（CCRC）	460～1200户	900～2500户	1400户
			常态普通部分（AAC）	400～1350户		
	总建筑面积（不包括商配设施面积）			9.6～28.2万m^2		15.5万m^2
容积率			老年集中部分（CCRC）	≤0.8		建议整个住区1.5左右
			常态普通部分（AAC）	需结合实际项目，尽量做大		
绿地率				≥40%		
老龄化率				约45%，需结合具体地区和项目实际情况		
分项建筑面积						
公共建筑面积	分类		普通基本功能设施	1700～4400m^2	5000～12000m^2	8000m^2
			文教娱乐功能设施	1600～3600m^2		
			医疗卫生功能设施	1100～2500m^2		
			社区管理功能设施	600～1500m^2		
			配套商业设施	需结合实际项目		
	分级	混住细胞	单位面积	250～450m^2	1300～4500m^2	350m^2
			设置个数	5～12个		7～8个
		生活街道		1200～2500m^2		1800m^2
		公共服务管理综合体		2500～5000m^2		3800m^2
住宅建筑面积			老年集中部分（CCRC）	4.7～11.7万m^2	9.1～27.0万m^2	14.7万m^2
			常态普通部分（AAC）	4.4～15.3万m^2		

用地构成及建议比例				
住宅用地	公建用地	道路用地	公共绿地	住区用地
47%～65%	21%～30%	6%～13%	8%～15%	100%

资料来源：作者自绘

4.5.2 关于分期建设问题

前面论述的都是空间上的配置组织问题，由于老年住区投资较大、建设周期较长，所以我们还要探讨一下关于建设时间上的问题，即住区的分期建设问题。

图4.44为“复合集约型”老年住区的分期建设示意图。我们建议“复合集约型”老年住区可分三期建设：

第一期，建设部分老年集中居住区住宅和部分常态普通居住区住宅，建设公共服务管理综合体，修建生活街道和部分周边商业网点。这里需要注意，①老年集中居住区规模以服务管理的下限值200人（介助介护老人）为宜，即建设5个左右“混住细胞”；②关于公共服务管理综合体，开始可用作售楼处及住前体验馆使用，以后将其功能置换；③在规划一期建设范围时，尽量考虑可先建商业设施的地段，通过尽早出租（售）商业网点而快速回笼资金。

第二期，视市场销售和实际使用情况建设其余老年集中居住区住宅和常态普通居住区住宅，并可适当扩建公共服务管理综合体及其他相关公共服务设施，比如幼儿园。

第三期，考虑修建中心绿地公园，或根据实际需求将此部分土地用于他用，但要遵

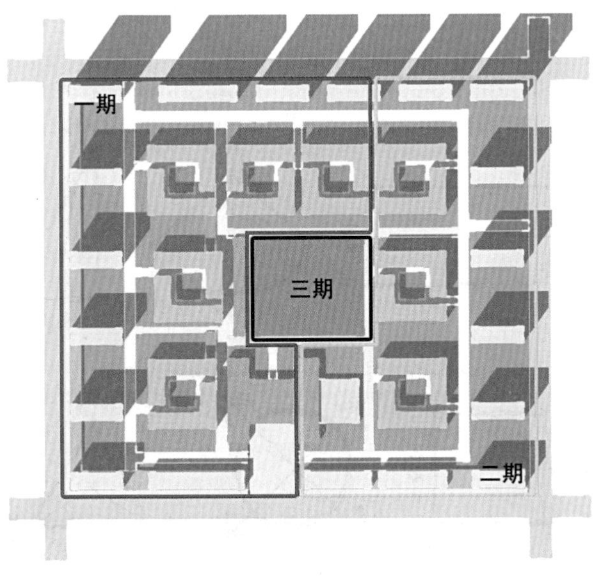

图4.44 “复合集约型”老年住区分期建设示意

Fig. 4.44 Phased construction of "Complex-intensification" Elderly Residential Area

照老年人需求为先的原则。

当然，对于分期问题仅是一个建议，具体操作要看项目实际情况和开发商自身计划来定。

4.5.3 关于总体概念模式图的适用性问题

“复合集约型”老年住区总体概念模式图是建立在近似方形平地这一假定基础上的，但在现实情况中，往往地块都不是这样的，有的地面有高差，有的是长条形的、三角形的，甚至有的地块中间还有道路穿过等等，所以本小节就重点探讨一下关于总体概念模式图的适用性问题。

实际上，我们在本书第3章第2节“复合集约型”老年住区的区位选址中，就提到不建议将老年住区选在有高差和有道路穿过的地块上，所以问题就主要集中在地块的形态问题上。经过我们研究分析发现，不论什么形状的地块，都可以分为两大类——方向性地块和均向性地块。所谓方向性地块，就是指地块的形状具有某一主导方向，如图4.45所示；所谓均向性地块，就是指地块的形状不具有某一主导方向或主导方向不明显，如图4.46所示。下面就以长条形代表方向性地块和三角形代表均向性地块分别对“复合集约

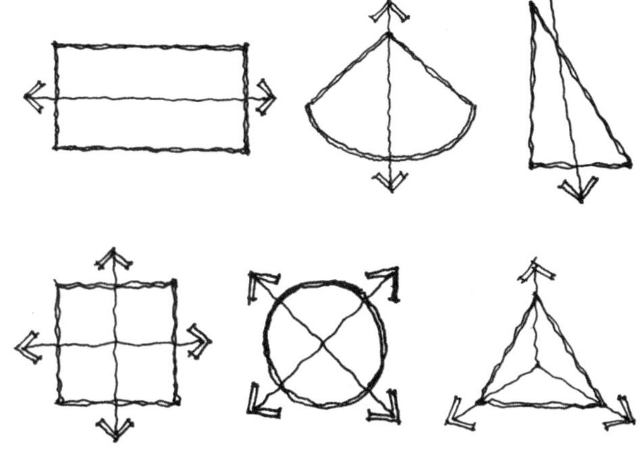

图4.45 方向性地块示意

Fig. 4.45 Directivity lots schematic

图4.46 均向性地块示意

Fig. 4.46 Are isotropic lots schematic

型”老年住区总体概念模式图的适用性作分析论述。

（1）方向性地块（以长条形为例）

考虑到我国住宅一般都是坐北朝南的情况，所以在这里需要将方向性地块的主导向分为南北向和东西向两种情况考虑，反映在图形上即为横向长条形与竖向长条形（默认上北下南）。

①南北主导方向的地块（竖向长条形）

此时，“复合集约型”老年住区总体概念模式图可以变成图4.47中a所示情况。

②东西主导方向的地块（横向长条形）

此时，“复合集约型”老年住区总体概念模式图可以变成图4.47中b所示情况。

在这里需要注意，对于长条形的形状比例不会出现短边非常短、长边非常长的情况，因为在我们建议的用地规模下，一般从规划部门那里就不会划定那样的比例地块。

（2）均向性地块（以三角形为例）

此时，“复合集约型”老年住区总体概念模式图可以变成图4.47中c所示情况。

实际上，我们最开始假定的近似方形地块，其本身就属于均向性地块。

从以上的图示分析中，可以看到，对于之前所绘制的“复合集约型”老年住区总体概念模式图还是比较具有普遍适用性的。

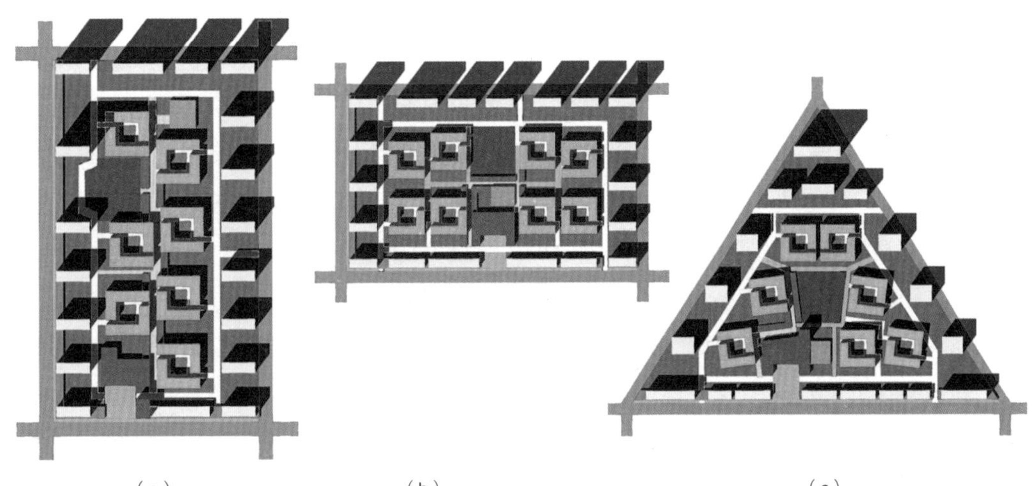

（a）（b）（c）

图4.47 “复合集约型”老年住区总体概念模式图适用性示意
Fig. 4.47 Applicability of overall conceptual model diagram of "Complex-intensification" Elderly Residential Area

4.6 模拟项目示范——沈阳“栖健长乐邦”

本节将结合实际地块做一个模拟示范项目——沈阳“栖健长乐邦”生活体，主要从项目的选址与定位、地域性特征分析、设计描述（结合图纸）三部分论述。

4.6.1 项目选址与定位

4.6.1.1 项目选址

在本书的第3章中，给出了“复合集约型”老年住区的区位选址要点为：①可在经济水平相对较发达且老龄化较严重的城市，多为二线以上城市；②对外交通便利，宁可离市中心近一些，也不要远离城市，最好在城市边缘区；③临近可利用的公共设施，附近最好已建或即将配建医疗卫生相关设施；④较好的自然环境与人文环境。

下面就考虑以上四点，并按照书中所介绍的从宏观到中观再到微观的选址方法开始选址。沈阳作为东北地区重要的经济政治中心是众所周知的，近年来其人口老龄化程度也很高，据沈阳市老龄部门2015年统计，沈阳60岁以上老年人164万人，占全市总人口的22.4%，其老龄化程度超全国平均水平，已位列前茅，所以要在沈阳建设“复合集约型”老年住区是必要的，也是很有市场的；接下来便要考虑沈阳城市边缘区的情况，其边缘区主要有两个——沈北新区和浑南新区，结合沈阳市2011～2020年中心城区用地规划图（图4.48），考虑到浑南未来的发展前景与浑河沿岸的生态景观环境，我们将目标定在浑南地区；据了解沈阳蓝海集团将在浑南新区的东南地区（属和平区管辖）建设一个国际健康养生基地和一个现代健康医疗中心城，再结合沈阳的道路交通情况和规划用地属性、规模及是否开发情况，最终将模拟地块选在如图4.49所示位置。

地块位于三环内、长白岛（长大铁路）以西、浑河（滨河西路）以南、浑南大道以东、迎春街以北的地区，这里环境优美、交通便利，但现有基础设施还不是很齐全，但在未来两年内公服配套设施尤其是医疗护理设施将会初具规模；并且该地块为规划的居住用地，且地块面积为11.4公顷，这些都较好地满足书中关于“复合集约型”老年住区的

图4.48 2011-2020年沈阳市中心城区用地规划图

图片来源：沈阳市规划局官网

图4.49 沈阳“栖健长乐邦”生活体区位示意

Fig. 4.49 The location of Shenyang "Qijian Changlebang" living complex

用地属性、用地规模等方面的建议要求。

4.6.1.2 项目定位

打造一个属于沈阳的“复合集约型”老年住区，具体内容此不赘述。

4.6.2 设计依据与地域特征分析

4.6.2.1 设计依据

（1）“复合集约型”老年住区设计“任务书”

（2）规划用地地形图

（3）国家及地方颁布的有关设计规范

（4）对沈阳及周边地区的市场调查及相关问卷调查资料

4.6.2.2 地域特征分析

本书中所写的“复合集约型”老年住区相关内容以及总体概念模型是一个共性问题，而现在要结合实际地块的模拟项目是其共性中的个性问题，其个性所体现的主要方面就在于地域性特征方面。这种地域特征主要表现在沈阳的市场状况（客群户型需求）、沈阳的地理气候特征、当地的风土人情及生活习惯等方面。当然，这些方面在本书并非主体内容，是设计师在做实际项目必须要考虑的方面，在这里仅简单介绍。

（1）沈阳的市场状况（客群户型需求）

据调查统计，目前沈阳登记注册的养老院共有49家，但具有真正意义上的老年住区还并没有建成的实例，只是有打着养老地产旗号的高档小区，例如香格蔚蓝的听雨观澜小区，如图4.50所示。由于沈阳较高的老龄化率以及沈阳经济现状尚可、市民的养老观念也较为新潮，所以我们认为在沈阳建设“复合集约型”老年住区是极具必要性和市场潜力的。图4.51为对沈阳及周边地区老年人居住状况调查问卷部分问题统计整理的饼状图。从图中我们可以看到：在居住模式方面，大部分老人希望多代同居（占45%），独居占35%、老年公寓的有18%；在居住面积方面，大部分老人希望在80m^{2}左右（占30%），90～100m^{2}的占17%、60～70m^{2}的占23%、40～50m^{2}的占9%、120m^{2}及以上的占21%；在居住层数方面，一层的占24%、二层的占30%、三层的占27%、四层的占12%，只有

图4.50 沈阳听雨观澜鸟瞰
Fig. 4.50 Shenyang Tingyuguanlan bird's-eye view
图片来源：网络

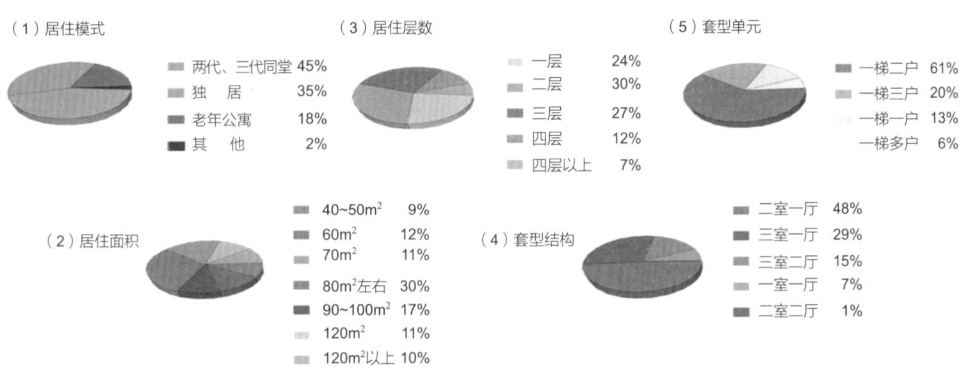

图4.51 沈阳及周边地区老年人居住状况调查问卷部分问题统计
Fig. 4.51 Some problems statistics about aged living situation questionnaire in Shenyang and the surroundings

7%的老人希望住宅四层以上，93%的老人希望住宅四层及以下；在套型结构方面，大部分老人希望两室一厅（占48%），三室一厅占29%、一室一厅占7%；在套型单元方面，一梯两户占61%、一梯三户占20%、一梯多户占13%、一梯多户占6%。这些将作为沈阳“栖健长乐邦”生活体中套型组合与结构等的重要参考依据。

（2）沈阳的地理气候特征

沈阳位于我国东北地区的南部、辽宁省的中部，以平原为主，属温带半湿润大陆性气候，全年气温在-35～36℃之间，平均气温8.3℃，全年降水量500毫米，全年无霜期183天。受季风影响，降水集中，温差较大，四季分明，春秋两季气温变化迅速，持续时间短：春季多风，秋季晴朗。属于中国建筑气候区划图中的严寒地区，因此我们在设计沈阳“栖健长乐邦”生活体时要特别注意采暖与保温问题。

（3）风土人情及生活习惯

沈阳在长期的历史发展中，逐渐形成以汉族为主、由多民族组成的聚居区。少数民族人数较多的是满族、朝鲜族、回族、锡伯族和蒙古族。由于沈阳是清代的发源地之一，因此满族文化占重要地位。

沈阳人继承了东北人豪爽的性格，在衣食住行方面均有所体现。老年人比较喜欢的一项活动是扭秧歌，因此在设计沈阳“栖健长乐邦”生活体时，要注意为他们设计扭秧歌的活动场地。

4.6.3 设计描述及技术经济指标

下面结合设计图纸，并按照前面几节的逻辑顺序，对沈阳“栖健长乐邦”生活体的设计进行简要描述。

4.6.3.1 总体规划

图4.52为沈阳“栖健长乐邦”生活体的总平面图。沈阳“栖健长乐邦”生活体的总体构架基本满足“复合集约型”老年住区的总体概念模型，可以说是对具体地块形状下的适应性表达。沈阳“栖健长乐邦”生活体用地规模11.4公顷，可容纳的居住人口在6000人左右，其中老年人约2500人，约占住区总人口的41.6%，容积率约为2.0。

（1）功能构成

①居住功能构成

沈阳“栖健长乐邦”生活体的基本居住功能包括：常态普通居住区和老年集中居住区两部分，住宅总建筑面积在20.7万m^2左右。其中常态普通居住区由13层、17层、33层共

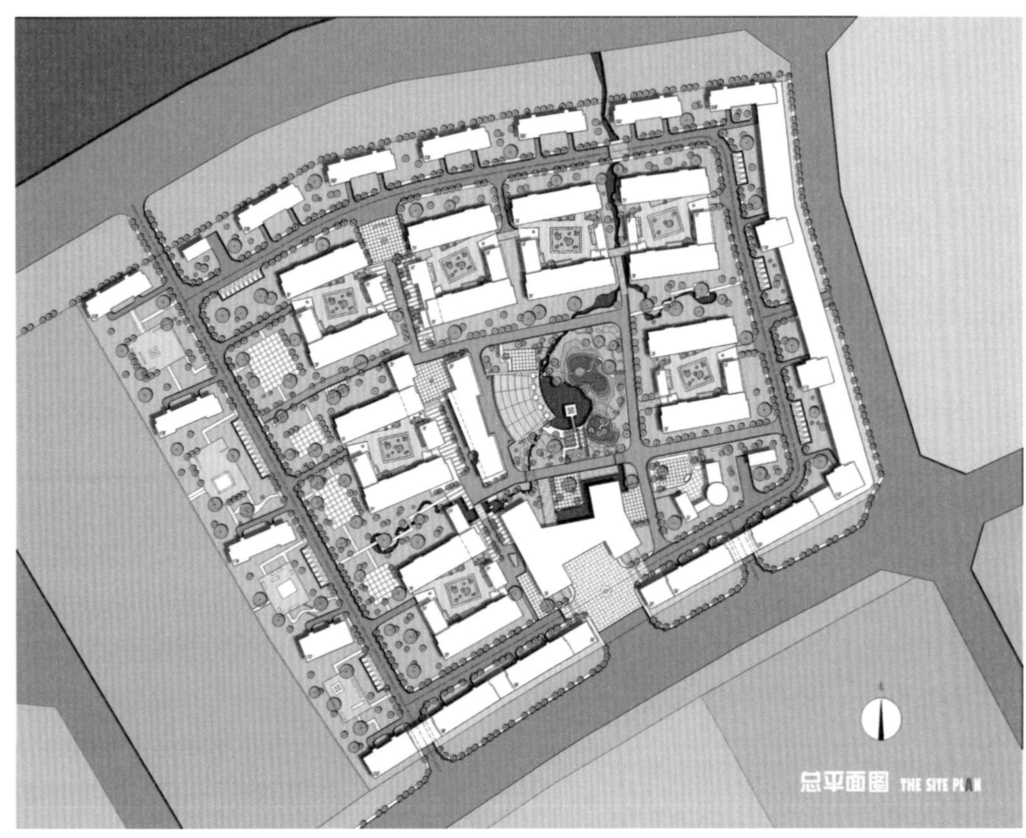

图4.52 沈阳“栖健长乐邦”生活体的总平面图
Fig. 4.52 Shenyang "Qijian Changlebang" living complex site plan

14座高层住宅以及4座5层的多层住宅组成，主要提供与网络式、常态家庭结构相适应的套型空间，采用房屋出售形式；老年集中居住区由以每2座7层板式住宅相互围合而成的7个居住组团（即混住细胞）所组成，主要提供与老年独居、老年夫妇、老年核心、老年主干、老年联合以及年轻独居家庭结构相适应的套型空间，适应自理、介助与介护老人的需求，以出售为主，部分小户型采用产权式酒店形式。

此外，在“栖健长乐邦”生活体的健康城内还配有20间客房，既可以对外提供一定的候鸟式养老服务，也可以给前来看望住区内常住老人的子女及亲属提供短期居住的需求。

②公共服务设施构成

在“栖健长乐邦”生活体中，除场地南侧与东侧的沿街部分配置约1.2万m^2的商业设施外，在其内部还配置多种类型的为老公共服务设施，建筑面积在0.9万m^2左右，具体包括：棋牌活动室、老年综合活动中心、图书阅览室、羽毛球和门球运动场、老年会所、老年大学、多功能厅、护士站、老年保健康护中心、老年诊所、社区综合医院、公共餐厅、小型店铺、幼儿园、购物中心、茶馆、理发店、邮政储蓄、照相馆、洗衣店、“栖健长乐邦”物管公司及相关市政设施；并且依托这些设施，“栖健长乐邦”生活体还提供应急求救、家政、送餐、托老、电话、老年问题咨询、定期探望等服务；此外，为方便生活体内居民的自我管理，还配有老人艺术团、业主委员会等部门。

（2）规划组织布局

由于建设地块形状属于本章第五节提到的均向性地块，因此“复合集约型”老年住区的总体概念模式图的规划组织布局可基本直接套用在该地块上。

①居住功能分区与空间组织结构

在居住功能分区与空间组织结构上，如图4.53所示，“栖健长乐邦”生活体采用圈层式多领域的空间组织结构，内圈为老年集中居住区（CCRC），外圈为普通常态居住区（AAC），并形成了私密性由低到高的将四个空间层次：开放空间（常态普通居住区内的公共活动区）——半开放半私密空间（常态普通居住区内的住宅区）——半私密半开放空间（老年集中居住区内的公共活动区）——私密空间（老年集中居住区内的住宅区）。

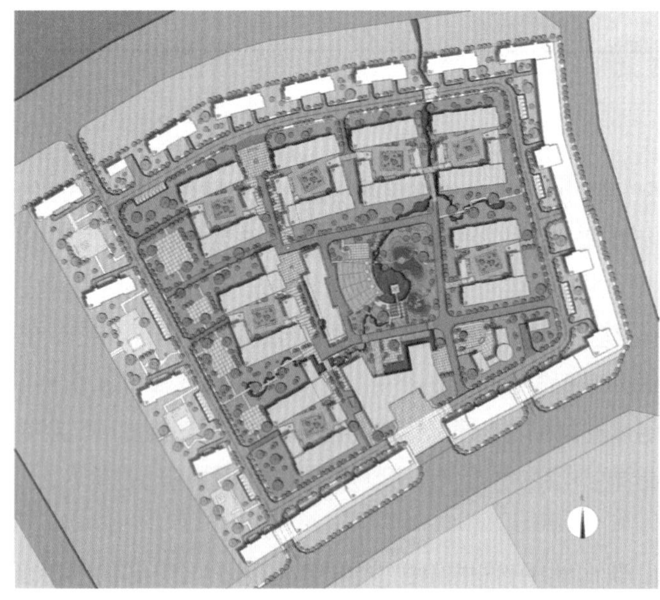

图4.53 “栖健长乐邦”生活体居住功能分区示意
Fig. 4.53 Living functions partition of "Qijian Changlebang" living complex

②公共服务设施布局

在公共服务设施布局上，如图4.54所示，“栖健长乐邦”生活体将公共服务设施分为三级进行组织布局。第一层级为健康城（对应前面的服务管理综合体），即图中深蓝色部分，布置在主入口与中心绿地之间，供住区内所有居民及部分外部人

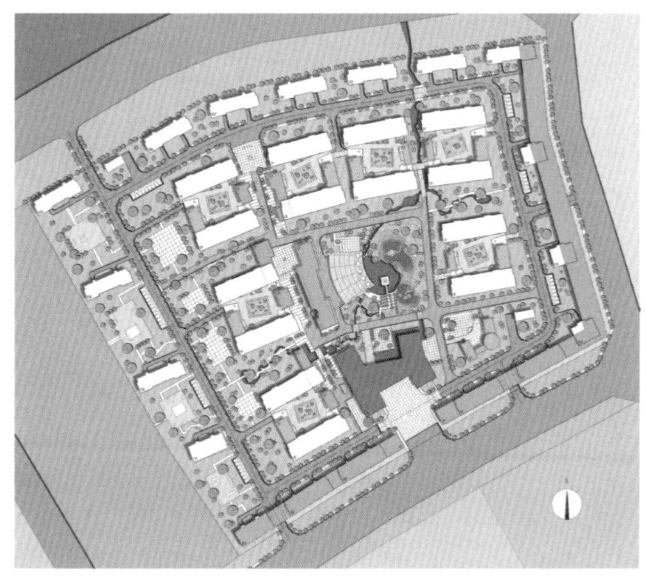

图4.54 “栖健长乐邦”生活体公共服务设施布局示意
Fig. 4.54 Public service facilities layout of "Qijian Changlebang" living complex

员享用；第二层级为长者街（对应前面的生活街道），即图中湖蓝色部分，呈线状分布，其在老年集中居住区内，但又离生活体主入口较近，主要为自理老年人提供日常生活的服务管理；第三层级为七彩园（对应前面的混住细胞）内的服务管理站，即图中浅蓝色部分，其以点状方式有机疏散到老年住宅内最大便利地服务于老年人，尤其是介助、介护老人。

在生活体的南侧与东侧沿街处还设置了相当数量的商业设施（图中粉红色部分），既服务内部及周边居民，同时还有利于开发商的盈利；此外，在生活体内紧邻健康城东侧，还配置了6班规模的幼儿园（图中橙色部分），主要服务内部居民及少部分周边居民。

③道路交通组织

在道路交通组织上，如图4.55所示，“栖健长乐邦”生活体采用两套交通系统，实行人车分流，图中蓝色路线为车行路线，黄色路线为人行路线，均呈环状，且彼此间也有联系路径。根据道路所处位置、空间性质以及服务的群体，将现有道路分为三级来确定，上面提到的车行交通环即为一级道路，相当于居住小区级道路，而人行交通环则为二级道路，其余为三级道路。在设计时考虑到路识别性等问题，尽量避免十字相交路口的形成。此外，将人行道路的一部分（图中橙色部分）结合建筑布局形成一条供老年人使

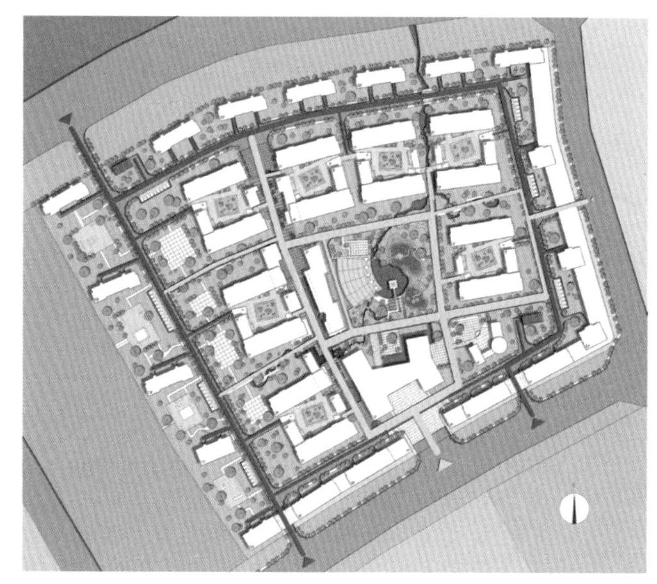

图4.55 “栖健长乐邦”生活体道路交通组织示意

Fig. 4.55 Road traffic organization of "Qijian Changlebang" living complex

用的“生活街道”——长者街。

对于静态交通，设置了3.2万m^2左右的地下停车场，并在生活体的东南角与西北角处设置了地下停车场的入口（图中紫色部分），此外还在车行环状道路旁设置一定数量（56个）的临时停车位。

④绿地广场布置

在绿地广场布置上，如图4.56所示，“栖健长乐邦”生活体在中心部位设置了5600m^2的中央太极公园（图中深绿色部分），布置有广场（供老年人集体跳舞、打太极拳等用）、湖泊（供老年人垂钓、观赏）以及自然绿地；同时在老年集中居住区与常态普通居住区之间布置约30米宽的绿化带，并在其上布置一些羽毛球、门球等室外运动场地，见图中草绿色部分；最后，在“栖健长乐邦”生活体的7个“混住细胞”——七彩园内设置生活庭院（图中浅绿色部分），面积在900m^2左右。此外，还在老年住宅周边的道路两旁设置让老年人自己管理的菜园、农地，这样既增加了老年人的生活情趣，又可以充分利用老年资源来管理维护部分绿地，当然还可能在住区产生田园气息，满足大部分老年人的恋村情节。

4.6.3.2 整体风格样式与重要空间设计

“栖健长乐邦”生活体结合当地满族传统民居的一些符号特色，整体风格样式采用老年人

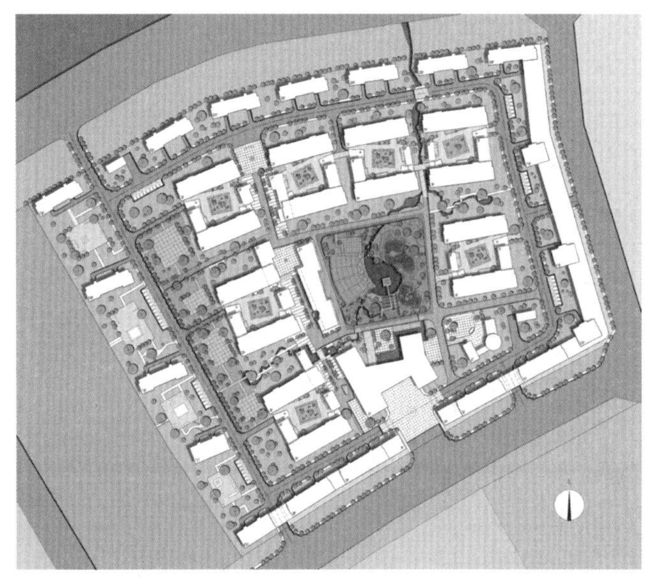

图4.56 “栖健长乐邦”生活体绿地广场布置示意
Fig. 4.56 Green square layout of "Qijian Changlebang" living complex

所喜爱的新中式风格，建筑立面色彩以白色调为主，给人以纯净素雅之感。在空间设计层面，设计时注意空间的虚与实、围与透、收与放、交际与沉思等的营造，使空间既丰富多变，又有统一秩序。下面以七彩园、长者街、健康城、中央太极公园四个典型空间做重点描述。

（1）七彩园

我们按照前面“复合集约型”老年住区中“混住细胞”的要求，具体设计了“栖健长乐邦”生活体的“混住细胞”，并起名为“七彩园”。

在平面设计上，如图4.57所示，通过前后两栋7层住宅及左右1层附属服务用房通过

前后两栋7层住宅及左右1层附属服务用房（公共餐厅、手工制作室、棋牌室、收发室）围合成一个30m × 30m的生活庭院，并将生活庭院的小方格与四周围合建筑所形成的大方格呈一定夹角，使得平面构图具有构成感，并且这样旋转后形成的道路路径在使用上也更为便捷。对具体的套型组合上，主要采用单元式的组合方式，但在南侧住宅楼采用通廊式组合方式，并在通廊附近设置“半客厅”，将每个小家进一步扩大。

在立面风格上，如图4.58所示，采用新中式风格，以白色调为主，在入口空间处设置传统的坡屋顶式样，并以高纯度的颜色使其格外醒目。此外为增强各个园子的识别性，以每个园子为单位，在其所属的住宅电梯外墙部位分别采用高纯度的“赤、橙、黄、绿、青、

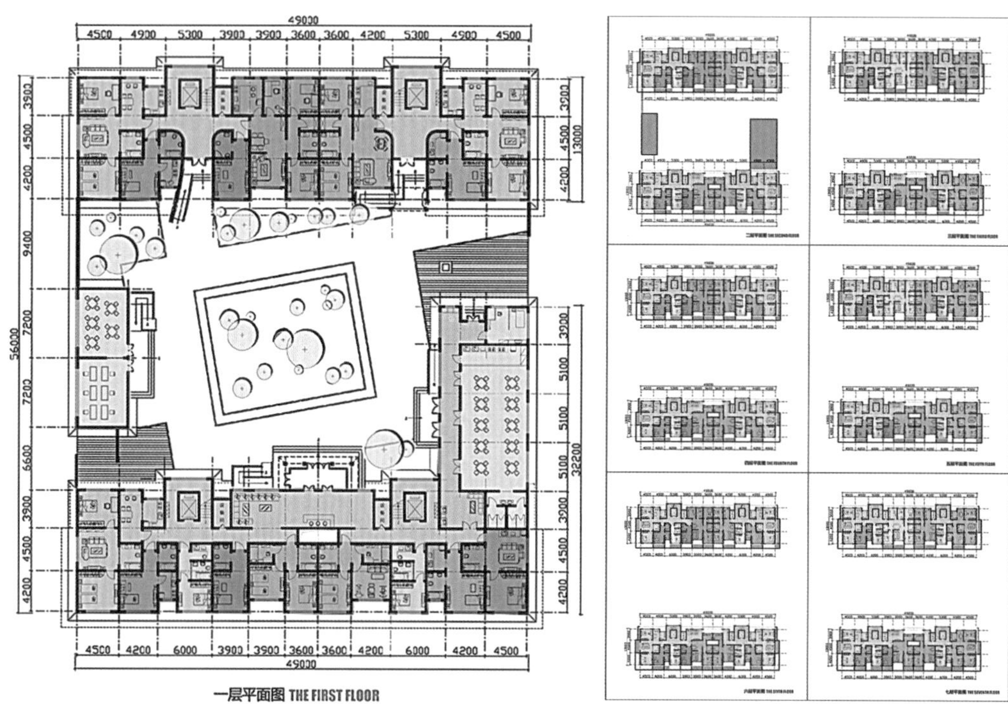

图4.57 “七彩园”各层平面
Fig. 4.57 The floor plans of "Colorful Garden"

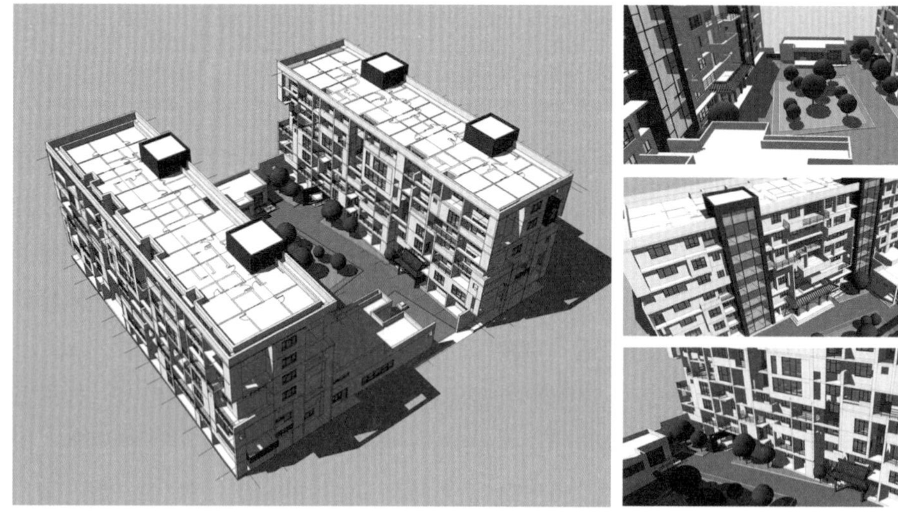

图4.58 “七彩园”空间模型及立面风格
Fig. 4.58 Space model and facade style of "Colorful Garden"

蓝、紫”七种颜色，给原本素雅的住区环境增添一份多彩，更寓意着老年人生活的多姿多彩。对于每栋住宅楼的立面设计，采用彼此错落的阳台，以增加老年人之间的彼此交流。

（2）长者街

长者街，即“复合集约型”老年住区中的生活街道，我们在设计时注意其街道空间的营造，平面形态如图4.59所示，形态弯曲多变，有收有放、有行走有停留。而在功能布局上，长者街内主要设有棋牌室、老年诊所、茶馆、小卖铺、邮局储蓄、洗衣店、理发馆、照相馆、业主委员会等与老年人生活息息相关的服务设施，并且考虑到尽量节约公共服务设施的规模，我们采用“断续连接”的方式来布置这些的公共服务设施。

在空间设计上，如图4.60所示，结合生活体内景观水体形成小桥以及街道两侧建筑的连接天桥，共同对空间进行限定，此外注意长者街街道空间尺度的控制，其高宽比在

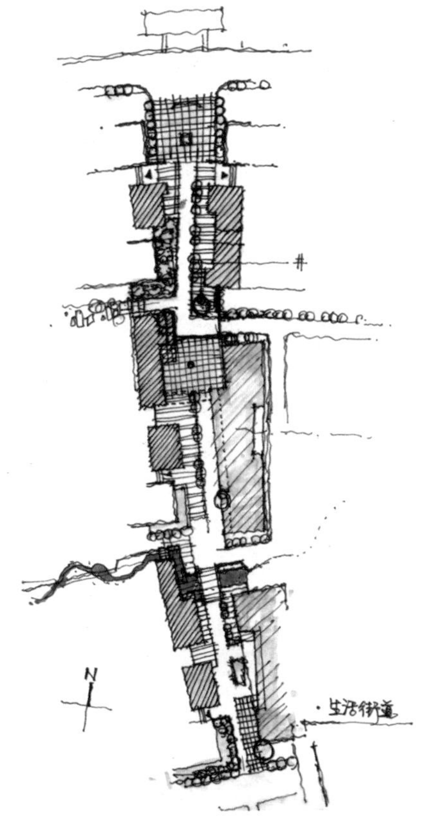

图4.59 “长者街”平面示意

Fig. 4.59 The plan schematic of "Elderly Street"

1.3左右（两侧建筑平均高6m、街道平均宽度8m），形成亲人的尺度。地面铺装采用耐磨、防滑的大网格铺装，这样有利于老年人行走的安全；还在长者街的适当部位设置一定数量的座椅，给老年人提供休息与交谈的空间；此外，结合实际需求，在长者街的适当部位设置了特色主题节点广场，给老年人提供高识别性的召集之用，比如中部的市井广场、北面端部的影壁广场等。

（3）健康城

健康城，即“复合集约型”老年住区中的公共服务管理综合体，建筑面积在4600m^{2}左右，功能主要包括：老年综合活动中心兼售楼处、老年康复护理中心、综合医院、生活度假旅馆、老年大学、图书阅览室、商业网点及住区管理用房等，如图4.61所示。建筑

图4.60 “长者街”鸟瞰效果

Fig. 4.60 "Elderly Street" bird's-eye effect

图4.61 “健康城”各层平面

Fig. 4.61 The floor plans of "Healthy City"

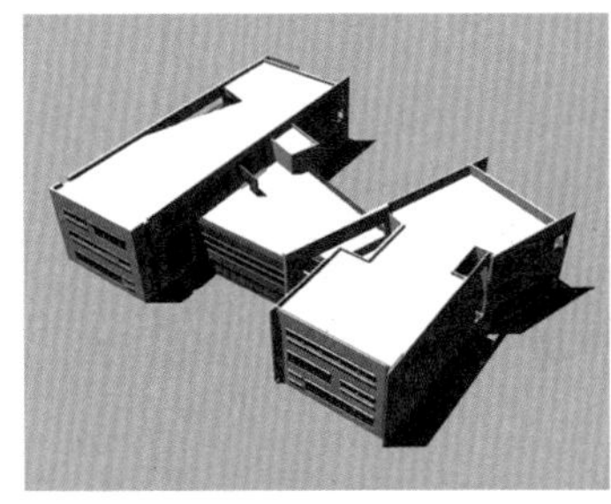
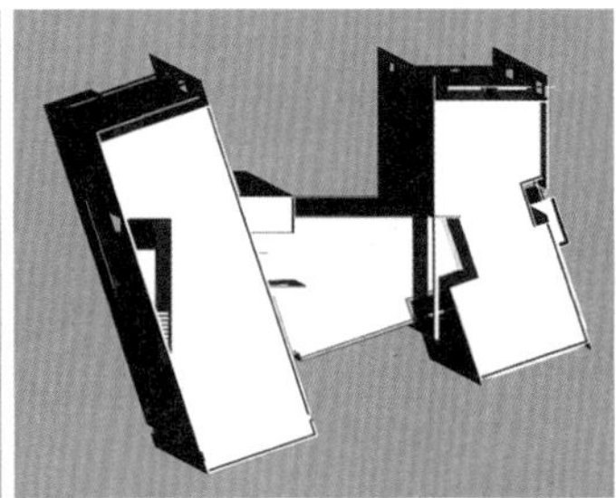
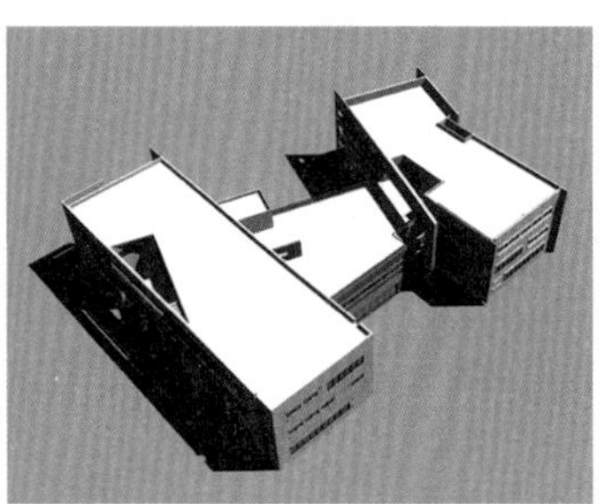

图4.62 “健康城”概念模型
Fig. 4.62 Concept model of "Healthy City"

共三层，建筑高度14.45m。

一层：沿小区内街商业网点、邮局、银行、活动室、公共大厅。公共大厅可在建设前期作售楼处及住前体验馆使用，后期则作为结合老年人活动设施的活动大厅；

二层：老年大学。以老年大学为中心，设有大、小阅览室及教室。根据房间朝向及位置的不同，可满足老年人不同的学习、阅读需求；

三层：旅馆、医院。考虑到来到小区探望老年人的亲友的需求，于建筑三层设置旅店。并且，通过三层室外屋顶花园的设置将老年人医疗区与旅馆区分离，既满足医院对安静环境的需求，同时又使得医院与旅馆都可享受到屋顶花园的优美环境。

健康城平面呈“H”形，寓意healthy的“h”，形成前后两个广场，并通过转折处理将入口与中央太极公园有机联系在一起，形成连续轴线。建筑整体风格为现代中式构成风格，结合场地周边环境，形成半围合院落，立面形式简洁、大方、层次分明，如图4.62所示。

此外，如图4.63所示，结合建筑所处位置，使得建筑形式与小区入口功能完整结合，形成收纳性的入口广场，呈现出“没有大门、胜似大门”的效果。同时，小区主入口大门并非设于沿街道路方向，而是设于小区内部，分别位于健康城南端两侧。如此，小区更是以包容开放的姿态，欢迎周边居民进入健康城，最大限度地提高健康城的资源利用率。

（4）中央太极公园

如图4.64所示，“栖健长乐邦”生活体在其中心部位设置了一个绿地公园，取名“中央太极公园”，主要由西半部的规则式广场区和东半部的自由式园林区组成。广场区主要供老年人们打太极拳、扭秧歌之用，并结合西侧建筑外立面，可形成露天剧场或影院，此外在广场区的北侧还设置了一些健身运动器材；园林区主体构架由“太极”衍生而成

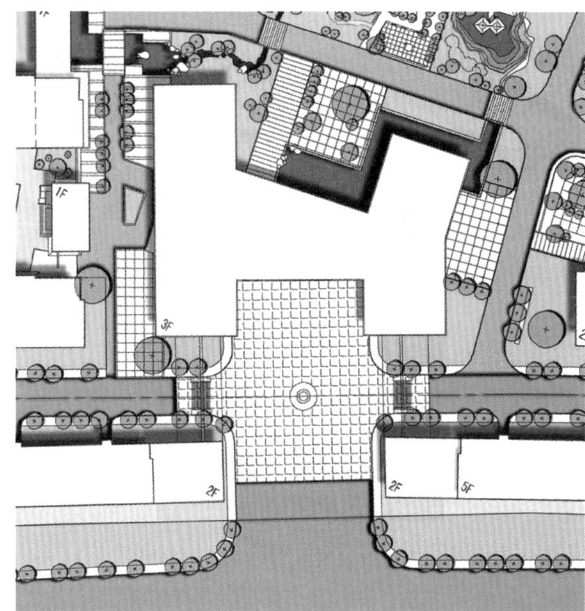

图4.63 “健康城”入口广场设计示意
Fig. 4.63 Design in entrance plaza of "Healthy City"

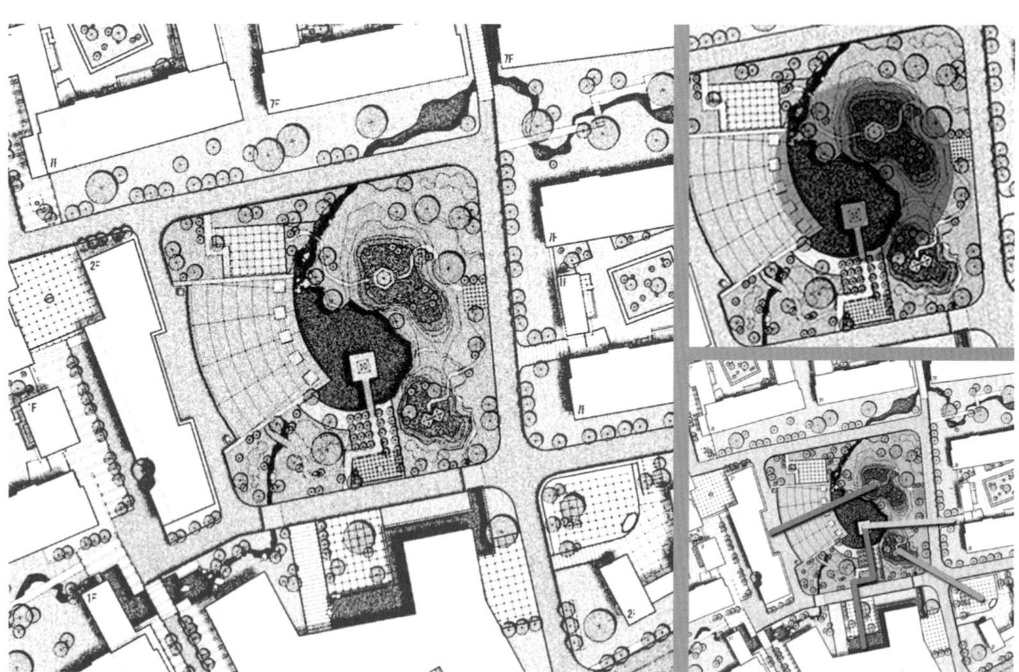

图4.64 “中央太极公园”平面及其分析图
Fig. 4.64 The plan and analysis chart of "Central Taiji Park"

（见图4.65中右上小图），山水为两仪（山为阳水为阴），山置于东北方艮位处，山上有代表“柔”的圆亭，而水中则设有代表“刚”的方亭，并结合堤岸、假山等设计，给老年人提供垂钓、赏月、对弈、戏水等怡然自得的空间；此外，在园林区的东南角还设置了次山，与主山相对，上置鸳鸯厅。空间效果如图4.65所示。

在设计中央太极公园时，我们重点注意四条轴线关系，形成借景、对景效果，见图4.64中右下小图所示。第一条为方亭与健康城间的轴线（图中红线），第二条为圆亭与公园西侧建筑间的轴线（图中蓝线），第三条为方亭与东侧七彩园间的轴线（图中黄线），第四条为鸳鸯亭与东南侧幼儿园间的轴线（图中绿线）。

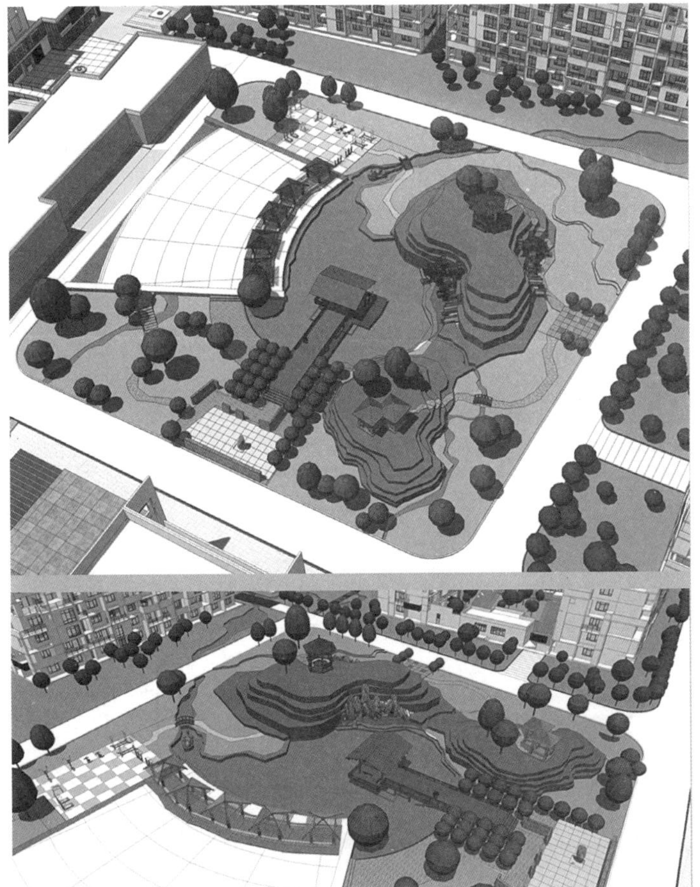

图4.65 “中央太极公园”空间模型效果
Fig. 4.65 "Central Taiji Park" space model effect

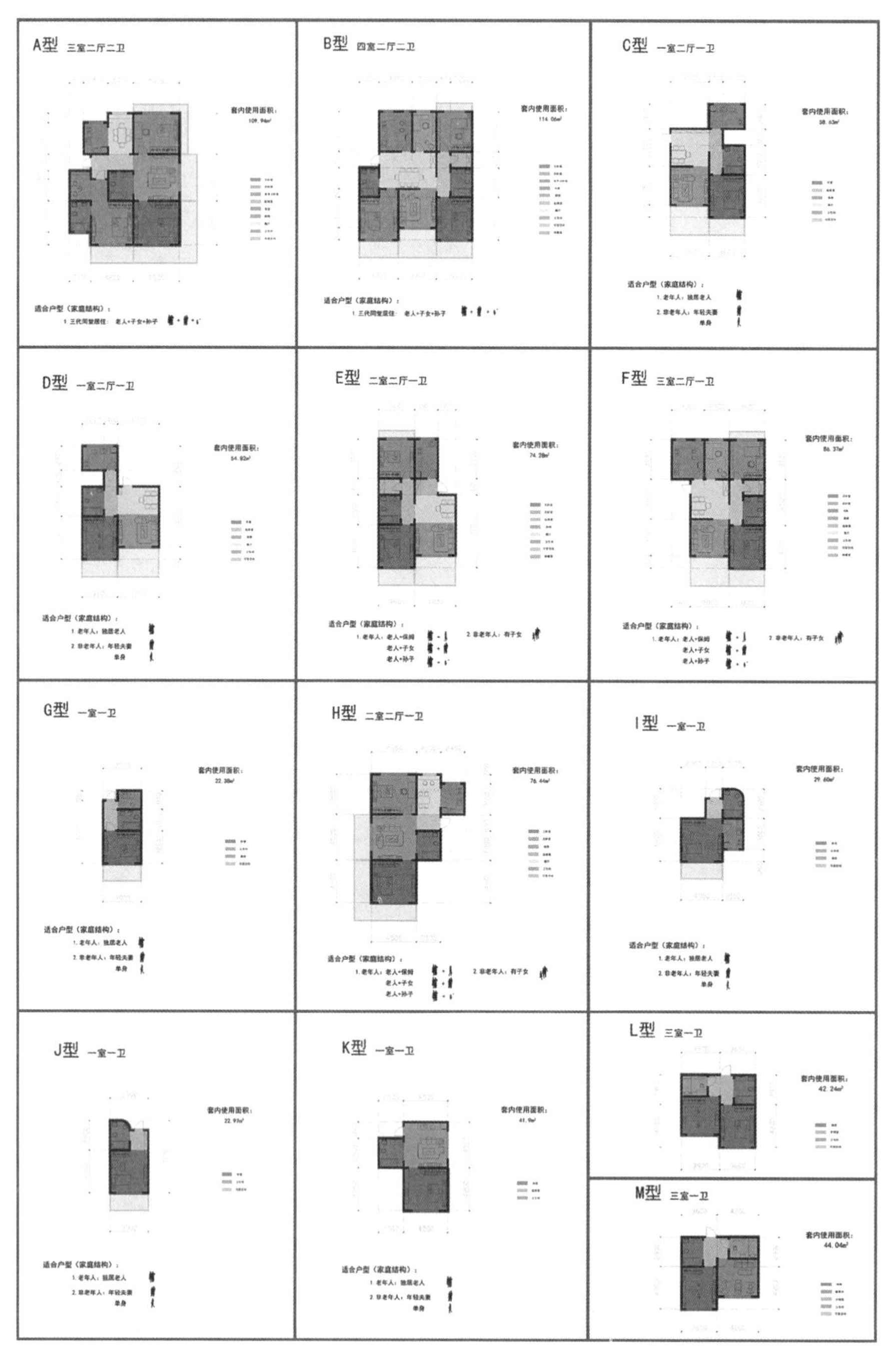

图4.66 沈阳“栖健长乐邦”生活体老年住宅内的13种套型

Fig. 4.66 13 kinds of elderly houses of Shenyang "Qijian Changlebang" living complex

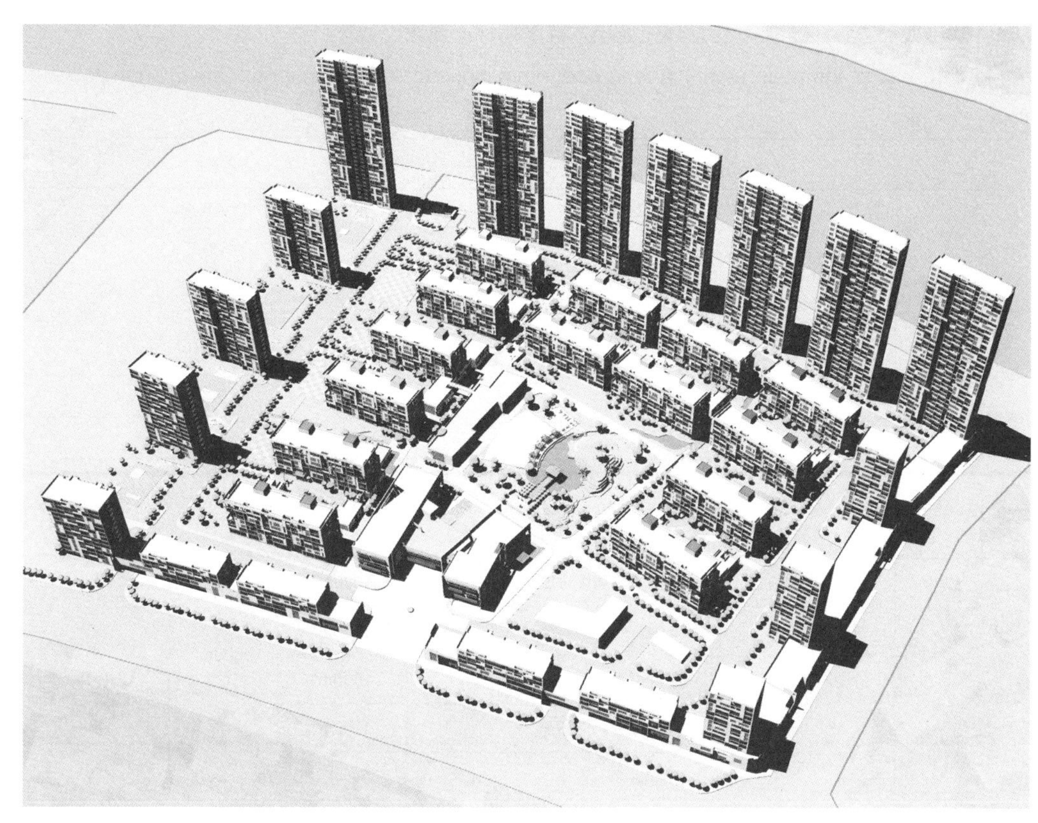

图4.67 沈阳“栖健长乐邦”生活体总体鸟瞰效果
Fig. 4.67 Shenyang "Qijian Changlebang" living complex overall bird's-eye effect

4.6.3.3 居住套型设计

“栖健长乐邦”生活体的老年住宅内共设计了798套13种套型，如图4.66所示。其中大面积套型91套、中等面积套型336套、小面积套型252套、（青年）公寓套型98套、护理病房套型21套。

4.6.3.4 设计模型及技术经济指标

图4.67为沈阳“栖健长乐邦”生活体的总体鸟瞰效果图。

沈阳“栖健长乐邦”生活体的技术经济指标，见下表4.10：

表4.10 沈阳“栖健长乐邦”生活体主要技术经济指标一览表

Table 4.10 List of the main technical and economic indicators of Shenyang "Qijian Changlebang" living complex

<table>
<tr><th colspan="5">项目</th><th colspan="3">指标</th></tr>
<tr><td rowspan="4">规模</td><td colspan="4">总用地规模</td><td colspan="3">11.4公顷</td></tr>
<tr><td rowspan="2" colspan="2">总人口规模</td><td colspan="2">人数</td><td colspan="3">6000人</td></tr>
<tr><td colspan="2">户数</td><td colspan="3">2000户</td></tr>
<tr><td colspan="4">总建筑面积</td><td colspan="3">22.8万m^2</td></tr>
<tr><td colspan="5">容积率</td><td colspan="3">2.0</td></tr>
<tr><td colspan="5">绿地率</td><td colspan="3">42.9%</td></tr>
<tr><td colspan="5">老龄化率</td><td colspan="3">41.6%</td></tr>
<tr><td colspan="8">分项建筑面积</td></tr>
<tr><td rowspan="9">公共建筑面积</td><td rowspan="5">分类</td><td colspan="3">普通基本功能设施</td><td>4000m^2</td><td rowspan="4">9000m^2</td><td rowspan="5">2.1万m^2</td></tr>
<tr><td colspan="3">文教娱乐功能设施</td><td>2100m^2</td></tr>
<tr><td colspan="3">医疗卫生功能设施</td><td>1800m^2</td></tr>
<tr><td colspan="3">社区管理功能设施</td><td>1100m^2</td></tr>
<tr><td colspan="3">配套商业设施</td><td colspan="2">12000m^2</td></tr>
<tr><td rowspan="4">分级</td><td rowspan="2" colspan="2">七彩园</td><td>单位面积</td><td colspan="3">400m^2</td></tr>
<tr><td>设置个数</td><td colspan="3">7个</td></tr>
<tr><td colspan="3">长者街</td><td colspan="3">1600m^2</td></tr>
<tr><td colspan="3">健康城</td><td colspan="3">4600m^2</td></tr>
<tr><td colspan="5">住宅建筑面积</td><td colspan="3">20.7万m^2（含地下停车场3.2万m^2）</td></tr>
<tr><td colspan="8">用地构成及比例</td></tr>
<tr><td>住宅用地</td><td colspan="2">公建用地</td><td colspan="2">道路用地</td><td colspan="2">公共绿地</td><td>住区用地</td></tr>
<tr><td>57%</td><td colspan="2">24%</td><td colspan="2">9%</td><td colspan="2">10%</td><td>100%</td></tr>
</table>

资料来源：作者自绘

第5章

结语——“复合集约型”老年住区的复制延展与养老居住照护问题展望

在前面四个章节中，我们提出了“复合集约型”老年住区的概念，并从建筑策划的角度，对“复合集约型”老年住区这一产品模型进行建构，还在此基础上给出图像性的设计策略。本章将进一步讨论“复合集约型”老年住区这种产品模型、居住模式的复制延展问题；同时，以老年住区作为出发点，在更为宏观的层面对我国未来养老居住及照护问题做一展望；最后，结合全文内容对本书进行总结。

5.1 “复合集约型”老年住区的复制延展

如果某产品模型要适应不同的情况、要更具推广性、要服务于更多的人，那么它就必须要在一定程度上可以被复制延展，而不是某一条件下的唯一产物，所以作为“复合集约型”老年住区这一产品模型，在其建构、设计时，应该考虑具有可复制性问题。

5.1.1 可复制点

分析“复合集约型”老年住区的可复制性，首先要说明它的可复制点在哪里，所谓可复制点就是指在建构及设计的诸多方面中使得产品能够被复制延展的一些具体地方或环节。对于“复合集约型”老年住区，我们认为其可复制点主要表现在以下两大方面：

5.1.1.1 产业链建构的可复制

“复合集约型”老年住区的产业链建构是可复制的，表现在房地产的开发建设环节和后期服务管理运营环节。

（1）房地产开发建设环节的可复制

“复合集约型”老年住区从拿地、选址、规模控制到项目定位等操作，较一般意义上的房地产开发虽然有些区别，但在根本上与一般房地产的开发建设并无大异，这些过程大多程式化，所以是可以被复制的。当然这里可能涉及“复合集约型”老年住区要较普通居住地产项目成本更高、投入更大等问题，需要开发商的经济实力较为雄厚，甚至需要开发商在融资模式、与政府商谈等方面上多下功夫，这些属于开发商自身的“能力与魅力”问题，不影响实际操作中的复制。

（2）后期服务管理运营环节的可复制

对于“复合集约型”老年住区后期服务管理运营的环节，需要开发商在建设初期甚至是项目策划阶段，就要与相关服务商建立合作关系，搭好预期的产业链条。这一环节从商业角度看实际上是很难的，难不在于合作的形式本身，而在于什么样的合作形式可以让双方获得最大利益，这就涉及开发商对自身既有合作伙伴的利用和商业模式的选择问题，这一点是很难被复制的。但是这又是可操作的，一方面，作为朝阳产业之一的养老产业，需要老年住区这样一个资源销售平台来促进各养老产业的经营运作，同时老年住区的平台有利于相关外延产业的聚集合作，形成规模效应，很多服务商会看到这方面的优势，甚至会主动与开发商合作，并且这样的服务公司近年在我国有很大发展，2012年5月在上海召开的养老产业博览会上就已有很多这样的公司；另一方面，“只要能用钱解决的问题就不是问题”，对于“复合集约型”老年住区的一些开发商可以购买某公司的“商业资源”，说的再大一些就是购买这一公司的商业模式，或者在某种意义上成为“加盟”公司，这个是很有可能的，例如沈阳的某房地产公司就正在策划销售“商业资源”。

5.1.1.2　设计模型的可复制

“复合集约型”老年住区可复制性的另一方面就表现在其设计模型的可复制，如图5.1所示，这种可复制性就是在本书第4章第5节中已做详细论述的适用性问题，此不赘述。

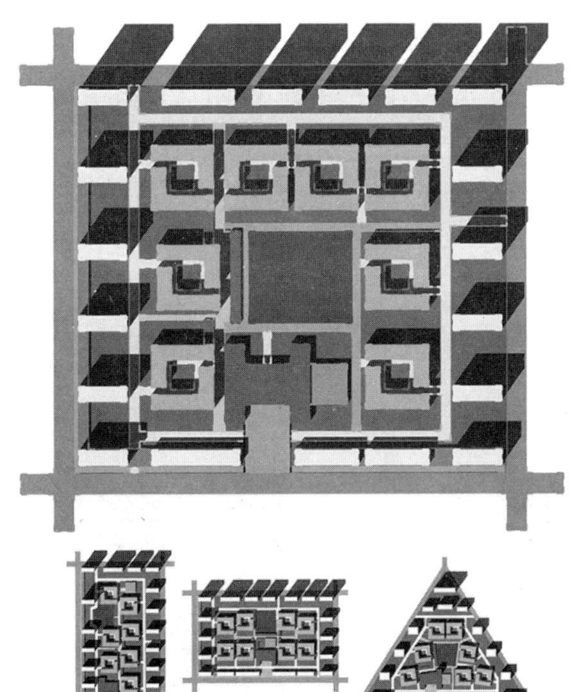

图5.1 “复合集约型”老年住区设计模型的可复制性
Fig. 5.1 Reproduction of "Complex-intensification" Elderly Residential Area design model

5.1.2 复制延展方式

“复合集约型”老年住区的建立是针对新建型社区养老模式而提出的，没有涉及既有住区的问题，所以我们应该从更为宏观的空间层面对“复合集约型”老年住区这一概念进行外延，结合既有住区实际情况，分析其可能的复制延展方式，进而提出“复合集约型”老年住区的复制延展方式有以下三种：

5.1.2.1 建立式复制延展

所谓建立式复制延展，就是指完全建立“复合集约型”老年住区。这种方式实际上就是新建一个住区，没有对既有住区进行插建，不过“复合集约型”老年住区其规模相当于一个居住小区，从更大的居住区范围，其复制延展可以是与同一居住区内的普通既有住区混合，扩大“复合集约型”老年住区的作用范围。

但是这种复制延展要适度，即“复合集约型”老年住区与普通住区的这种混合要适度，这就要考虑一个居住区地块范围内“复合集约型”老年住区与普通住区所占用地比率。在本书第3章中分析论述“复合集约型”老年住区的用地规模宜控制在5.7～16.9公顷，理想值为9.3公顷，相当于一个居住区用地规模的1/4，由于“复合集约型”老年住区本身就采用混合居住模式，入住居民除老年人外还包括多代同居家庭、网络式家庭中的非老年居民，“复合集约型”老年住区可适当加大，但在一个居住区地块范围内“复合集约型”老年住区与普通住区所占用地比率宜控制50%以内，即一个居住区地块内有至多不超过两个“复合集约型”老年住区，以保持与普通住区良好的混合度。此外，还需要在“复合集约型”老年住区与普通住区之间设置住区活动中心、菜市场等连接媒介，使二者之间得到更好的联系，实际上就是将“复合集约型”老年住区中的公共服务管理综合体及生活街道的进一步扩大利用。图5.2为建立式复制延展的几种方式示意。

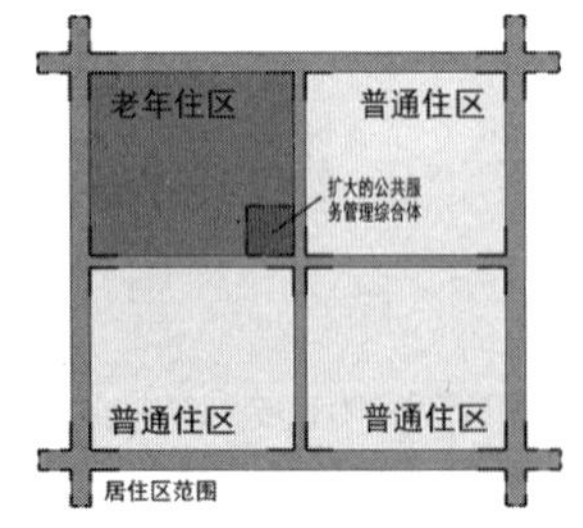

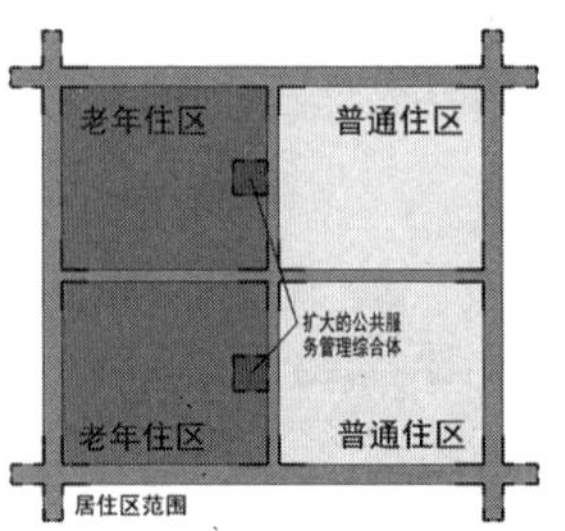

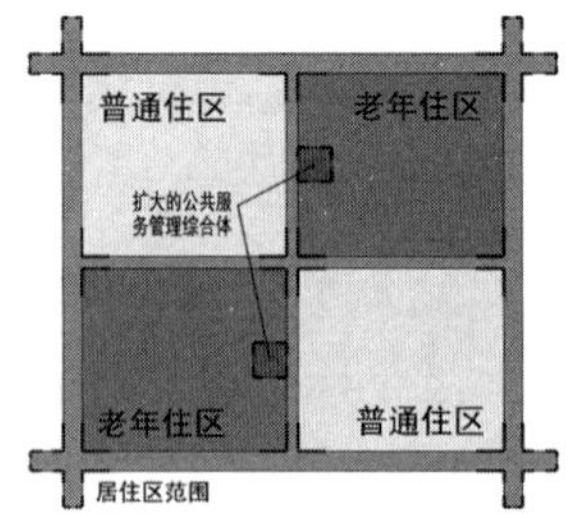

图5.2 建立式复制延展方式
Fig. 5.2 Establish mode of reproduction and extension

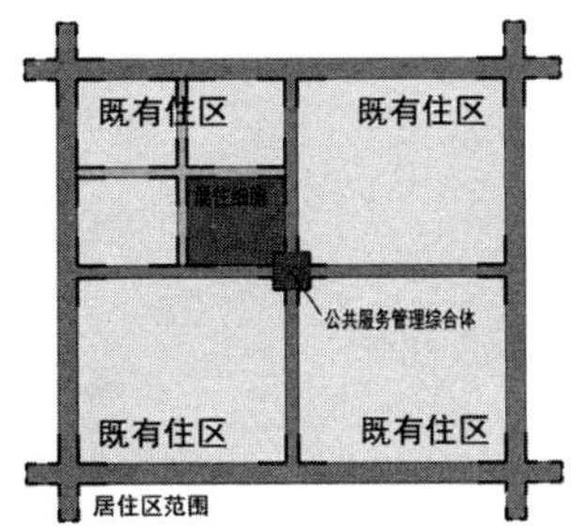

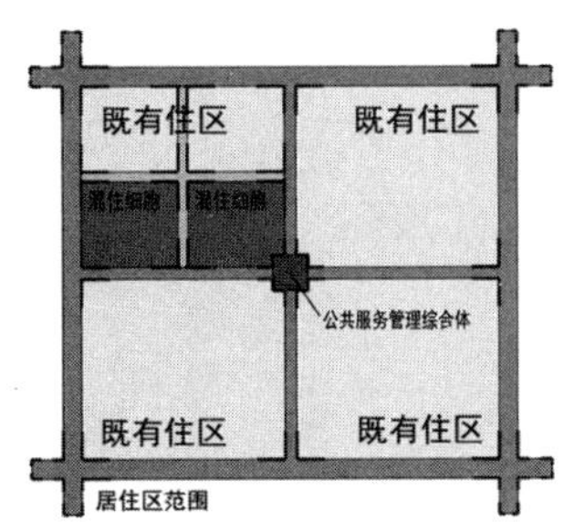

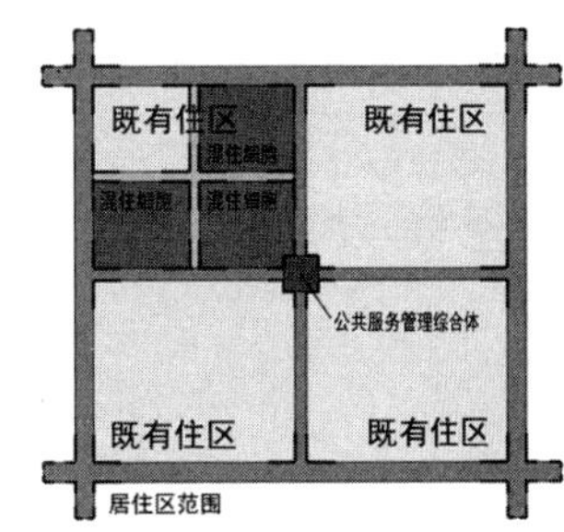

图5.3　置换式复制延展方式
Fig. 5.3 Replacement mode of reproduction and extension

5.1.2.2　置换式复制延展

置换式复制延展，就是通过将既有住区（居住小区）中的部分组团置换成“复合集约型”老年住区中的“混住细胞”，将居住区范围中规模等级最大的既有公共服务设施置换成“复合集约型”老年住区中的“公共服务管理综合体”，具体操作可以是完全新建，也可以是对置换部分的改建。按一个居住区有四个普通居住小区来算，考虑到“复合集约型”老年住区中“混住细胞”的最小适宜规模，建议每个居住小区内至少有一个置换组团且至多不宜超过三个。图5.3为置换式复制延展的几种方式示意。

5.1.2.3　嵌入式复制延展

嵌入式复制延展，相比前两种方式，是作用最弱的情况，即如果既有居住区范围内的各居住小区没有条件进行置换，那么可以采用嵌入的方式，将“复合集约型”老年住区中的“公共服务设施综合体”插建到既有居住区范围内，此时“公共服务设施综合体”要配置一定数量的为老服务床位，实际上相当于在既有居住区范围内建一个综合性的老年护理中心，以其为中心向附近各个居住小区提供一定上门性质的服务管理。图5.4为嵌入

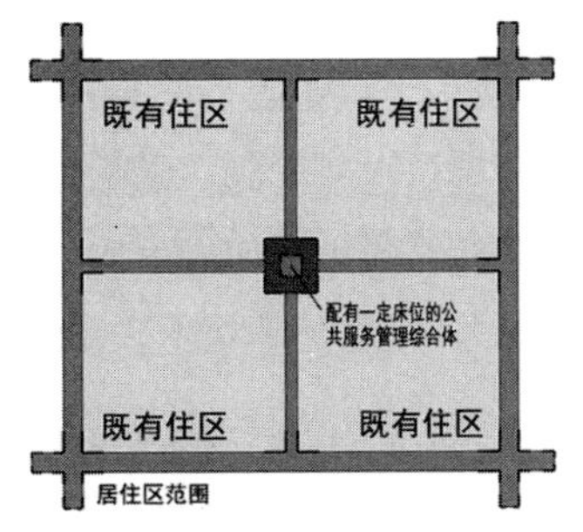

图5.4　嵌入式复制延展方式
Fig. 5.4 Embedded mode of reproduction and extension

式复制延展的方式示意。

以上三种方式，从开发主体上看，建立式为非政府力量的开发建设，嵌入式多为政府参与的建设，而置换式则介于二者之间。

5.2 未来我国解决养老居住及照护问题展望

5.2.1 养老模式变革的趋势

此部分内容在本书第1章中已略有提及，对于未来我国养老模式变革的趋势主要将表现在以下三个方面：

5.2.1.1 养老作用对象人数的变化：由少数人到多数人

随着我国进入老龄化社会，老年人的数量和比重都在不断增多、人口抚养比在不断增大，加之20世纪70年代我国实行的计划生育政策所导致的极低出生率，使得我国传统的家庭结构在发生巨大变化。今后我国普遍的家庭结构将会是核心化、小型化的“421”家庭结构（即四位老人、一对夫妻、一个孩子），这将造成赡养比例的严重失调，工作压力、异地居住的问题使得很多子女“心有余而力不足”，独居老人、空巢家庭将普遍出现。

5.2.1.2 螺旋上升式的发展：传统居家养老—机构养老—社区养老—社会居家养老

社区养老将机构养老中的服务引入社区，实行社区的居家养老，其作为一种新型的居家养老模式，是现阶段甚至未来30年我国重点发展的对象。但我们认为这也只是一个过渡阶段，社区养老终究还有“社区”这一界限，随着我国经济水平的发展，这一界限将被打破，那时将是无边界的社会化居家养老。可以看到，我国的养老模式将经历着“从一开始的传统居家养老（家庭负担的无边界居家养老），到机构养老（社会负担的有边界机构养老），再到社区养老（社会负担的有边界居家养老），最后到社会居家养老（社会负担的无边界居家养老）”这一“否定之否定”的螺旋上升式发展过程。

5.2.1.3　服务方式的变革：由“去服务机构”到“服务机构来”

伴随养老模式的变化，其承载的服务方式也在发生变革。传统的居家养老可以说没有服务提供；到了机构养老模式，相应的养老机构会提供一定的为老服务，但是老年人要到机构去才可以得到相应的服务，是“去”服务；现阶段的社区养老，其服务方式已经有了服务“来”的趋势，但这个“来”多半只在住区这个层面；然而未来的社会居家养老模式的服务方式将是上门到家，一种真正的服务“来”，这将是未来我国养老服务发展的必然趋势。

5.2.2　相关养老产业的多元化快速发展

这种由“去服务”到“服务来”的发展趋势与相关老年产业的迅猛发展息息相关。随着老年人的日益增多与国民经济的不断发展，消费需求越来越高，老年人购物群体将成为一个极具潜力的市场，这必然导致相关养老产业的多元化快速发展，成了一个最有生命力的“朝阳产业”。发展老年吃、穿、住、用、娱等产业市场，既要有政策上的相应支持，也要从市场经济角度去培养与发展，拓宽老年市场、壮大老年产业，做到“以老年产业发展老年事业”，以满足老年人需要、提高老年人生活质量、推动我国经济和社会的发展。

老年人的需求是多种多样的，包括生理、心理、行为等诸多层面，这些需求随着社会的不断进步与人们生活水平的逐渐提高而变得越来越具体、越多。怎样来满足老年人的这些需求，将成为老年产业发展的一个强大驱动力。那么，老年产业将会沿着怎样的方向发展？在此，我们提出其发展的三个基本方向。

5.2.2.1　养老机构走产业化道路，并对其进行改善与规范

目前我国的养老机构有公办、民办、公私合办等多种形式。尽管很多养老机构办得不错，但也仍有许多养老机构存在设施简陋、收费混乱、缺少专业医护人员、服务质量低劣的现象。因此还要进一步规范养老机构，划分级别、制定标准，尤其在设备标准、收费标准和职业资格标准等制定方面，并应定期进行检查评审。

5.2.2.2 开拓多样化的为老服务项目与设施

（1）发展老年医学产业，兴办老年医院

许多老人一旦生病后，不是因为医院离家太远而耽搁治疗，就是在一些大医院漫无目的地东奔西跑，不知到哪一科室就诊。为此可以根据某地区的老年人口数量兴办相应数量和规模的老年医院，让有病的老年人能够得到方便及时的治疗。

（2）发展老年文化、旅游产业

通过发展老年文旅产业，来丰富老年人的业余文化生活，促进其身心健康发展，主要包括老年体育保健、老年教育、老年旅游、老年娱乐设施等。

（3）发展自助型产业，扶助贫困老年人

考虑到我国贫困老年人较多的现实，可以组织他们开展一些力所能及的生产与服务活动，既满足老年人自我价值实现，又可使其获得一定的经济收入，比如自助养老院，在那里老年人可根据自身情况养鸡、种菜或从事一些简单的手工制作，用这些成果来换取一定的价值。

5.2.2.3 开发老年商品市场，满足其多种需求

从发达国家情况来看，老年商品市场有很大发展潜力。如在法国，厂商为迎合老年人的各种需要，千方百计发展相关商品和服务市场，甚至有适合老年人假牙咀嚼的口香糖，深受老年人喜爱；日本商人首先为尿失禁的老年人生产“老人尿裤”、“随身尿袋”，解决了老年人生活中的诸多不便；美国厂商设计了按钮式自动弹簧锁、简易拆包裹器、脚踏式开关电冰箱、自动配药服药定时器等，都很受老年人青睐。与这些国家相比，我国的相关老年商品开发主要以老年保健营养品为主，其他方面还有很大的发展空间。

此外，还需要重点指出，在老龄化发展过程中，老年人对住房的需求也逐渐发生变化，相应的老年房地产业发展空间巨大。目前具有相当购买力的老年人主要集中在经济发达的沿海地区和一些大中城市。相信10年之后，现在50岁左右的人进入60岁后，老年市场的巨大购买力将充分显现出来，这批人中许多都事业有成，经济能力比现在60岁以上的老年人有很大提高，在消费观念上也有较大差异，这样，对于现在老年人所谓的“高档消费”，在10年之后将很可能成为“普通消费”。

5.2.3　建筑师在解决养老居住及照护问题中所起到的作用

在这样一个养老模式变革、相关老年产业多元迅猛发展的转型期里，是需要社会各个领域、多方力量的共同协作的，那么作为建筑师（生活设计师）的我们应该发挥什么样的作用呢？主要体现在以下两方面：

5.2.3.1　抽象模式的解译者

居家养老、机构养老、社区养老、为老服务等等这些概念都比较抽象，需要建筑师通过采用图示语言，将这些抽象难懂的模式转译成具象易懂的图形与空间，让这些原本看不到、摸不着的政策、手段等，变成老百姓很容易就感知得到的东西。比如书中提到的“复合集约型”老年住区总体概念模型就是对前面各个方面（选址、规模、盈利模式、服务管理等）的具体表达，这个是建筑师所擅长的。当然建筑师也不能只知道本专业上的知识，应该了解更多相关领域的知识，比如建筑策划、房地产管理、商业运营等等诸多层面的内容，这样建筑师才可以将抽象模式与具象设计联系得更紧密，设计出来的东西才能更好、更正确地表达抽象模式的一些理念。

5.2.3.2　未来生活的引导者

建筑师，在某种程度上更应该叫作生活设计师，他不仅仅是设计并建造房子而已，其更肩负着解决一定社会问题的责任，比如建筑大师柯布西埃设计的马赛公寓绝不仅是为了好看，更重要的是他想通过这种集合住宅的形式解决当时人与人之间的冷漠状态，所以建筑师应该是未来生活的引导者，建筑师要担负起这份责任，解决如今老龄化严重的社会问题！

这里，借用英国牛津布鲁克斯大学的伊丽莎白·伯顿教授在《包容性的城市设计》一书中的一段话作为结束：“如果我们创作的是绘画、雕塑或其他艺术作品，那么没关系，因为人们可以自主选择是否观看，即使他们不喜欢我们的作品也没有什么要紧的。但是我们正在创建的是家，是建筑物，是居民区，是城镇中心，是人们生活和工作的地方，是人们成长和老去的地方，是人们观察社会的容器、人际关系的聚集处和日常活动的掩蔽所。作为建筑师和城市设计师，我们负有社会责任。”

5.3 结论

5.3.1 本书总结

本书以由人口老龄化产生的“老年人居住及照护问题”的宏观层面、现阶段养老模式新趋势——“社区养老”的中观层面、由房地产拐点所引起的兴建“老年住区热”的微观层面作为本课题的研究背景，通过对国内外老年住区在理论和实践上的研究综述，并在对我国已开发老年住区调研、分析、归纳的基础上，对我国老年住区的发展程度和存在问题深入思考，从“利于市场开发”、“利于中国老人居住”、“让更多老人受益”三个基本立足点出发，提出一种新型老年住区——“复合集约型”老年住区。

“复合集约型”老年住区是指在住区各要素的内容构成上复合、配比利用上集约的一种适合于我国发展的新型老年住区。“复合”主要表现在人口结构的复合（年龄、健康程度、经济状况、文化水平）、产权的复合（销售与出租）、养老居住功能的复合（自理、介助、介护）、产业链各要素的复合（居住设施与配套设施）、软件与硬件的复合（服务管理与规划设计）；“集约”主要表现在设施功能种类及配置比例的优化、老年人资源的充分利用、服务资源（包括设施与服务管理人员）的充分利用、住区空间结构的优化。结合国外的情况，其可简单表述为：（美国“CCRC与AAC”模式+日本“混住”模式）×集约化利用。它是集美国模式在“市场运作与持续照护”上的精华与日本模式在“小尺度混合居住与二代居、网络式家庭”上的优势于一体、再对其进行进一步优化的新型老年住区。

本书主要从“复合集约型”老年住区的策划建构与设计表达两方面具体展开分析论述。首先，从建筑策划的角度，通过对用地属性、区位选址、客群定位、规模控制、服务管理模式和运营模式六个层面的分析研究，结合“复合集约”特征要求以及老年人生理、心理、行为等特殊需求，构建出“复合集约型”老年住区这一产品模型、居住模式，为后续规划设计编制一个“任务书”；其次，按照这个“任务书”的要求，用图示的语言去表达建构出的看不见摸不着的抽象概念，对“复合集约型”老年住区的功能构成、组织布局与空间设计进行分析论述设计，并在此基础上绘制出“复合集约型”老年住区的居住生活模型的总体概念模式图及主要技术经济指标；最后，在辽宁沈阳地区选一实际地块做了一个模拟的示范项目——“栖健长乐邦”生活体，以此作为对“复合集约型”老年住区这一居住生活模型的具体化表达与验证。

本书最后对“复合集约型”老年住区这种产品模型、居住模式的复制延展问题进行探讨；同时，以老年住区作为出发点，在更为宏观的层面对我国未来养老居住及照护问题做出展望。

下面是本书对我国“复合集约型”老年住区研究的主要结论：

5.3.1.1 “复合集约型”老年住区的策划建构

（1）用地属性的选择

对于“复合集约型”老年住区，主要由开发商投资建设，主要应以营利为主，建议采用“带部分公益福利性质的老年住区”和“公寓型老年住区”两种类型、以公开招拍挂和协议出让方式获取土地，不建议采用无偿划拨的方式；尽量选用居住用地，综合用地尚可，不建议征用集体土地。

（2）区位选址

“复合集约型”老年住区的区位选址要遵照“综合考虑环境与交通，且交通为先”这一大原则，具体选址要点主要为：可在经济水平相对较发达且老龄化较严重的城市，多为二线以上城市；对外交通便利，距离市中心宁近勿远，最好在城市边缘区；临近可利用的公共设施，附近最好已建或即将配建医疗卫生相关设施；较好的自然环境与人文环境；尽量远离城市干道，但所在地支路网要尽量发达；尽量选择居民流动性小、生活较稳定、居民素质较高的地区。

（3）客群定位（人口与家庭构成）

人口构成

①年龄构成

对于老年住区内的居住者年龄层面的设定，什么年龄段都应囊括，只是比重有所不同，即年龄要“复合”。在这里（“复合集约型”老年住区），居住着老人（包括低、中、高龄老人）、中年人、青年人甚至儿童。建议比重为：在老年人基本生活范围的尺度内，老年人与非老年人的比例可在3：1左右；在老年人扩大生活范围的尺度内，尽量使老年住区的氛围相对活跃、相对常态化，老年人口与非老年人的比例可按住区所在地区老龄化率的统计状态确定。

②经济构成

在经济层面，将“复合集约型”老年住区的人口总体定位为“中高端”，其具体构成为：以中上收入老人（家庭）为主，高收入老人（家庭）与中等收入老人（家庭）为辅，适当引入中低收入老人（家庭）。这样的人口经济构成，在解决心理最不平衡的“中档”人群与“高档”人群间的差异与矛盾上是非常有利的。对于具体的比例，要结合项目及其所在地自身的情况具体限定，并且国家对保障性住房的相关内容也是值得借鉴的。

③健康构成

“复合集约型”老年住区人口（主要指老人）的健康构成包括自理老人、介助老人与介护老人三类，即健康、不健康的都要有。对于自理、介助与介护老人的比例控制，可以借鉴前面提到的美国持续照护型退休社区（CCRC）做法：自理、介助与介护老人之比为12：2：1，即自理老人占老年人总数的80%，介助、介护老人占总数的20%。这一比例的确定实际上也参考了老年人健康状况普查的统计资料数据。

④其他构成（服务管理人口构成）

服务管理人员在某种意义上已经成为老年住区的“第二居住主体”。这些服务管理人员主要是针对老年人而提供的，对于服务管理人员与被服务管理人员（主要为老年人）的比例关系可以参考养老服务相关行业标准的规定，还可以参考酒店管理中服务人员的配置情况。

“复合集约型”老年住区的人口构成无论在年龄、经济还是健康状况上都是多样的、复合的，这样对老年人实际是非常有好处的，并且在某种程度上也会增大老年住区这一产品的目标客群，对房地产开发是非常有利的。

家庭构成

“复合集约型”老年住区的家庭构成包括老年家庭、网络式家庭、常态家庭和年轻独居家庭四种，其中老年家庭又可细分为老年独居家庭、老年夫妇家庭、老年核心家庭、老年主干家庭、老年联合家庭五种。

对于各种家庭结构的比重关系，主要反映在住区不同套型的配置比例上，这个比重的大概关系，我们认为应“以适合老年家庭结构和网络式家庭结构的套型为主、以适合常态家庭结构的套型为辅、适当融入少量的年轻独居家庭结构套型”，而对具体的比例数字的确定要结合项目所在地的市场调查，并考虑大的社会经济背景等因素。

（4）规模控制

“复合集约型”老年住区的规模不宜过大，其用地规模可控制在5.7～16.9公顷，较理想为9.3公顷；人口规模可控制在2600～7700人，较理想为4200人；住区老龄化率可控制在45%左右；住区容积率建议在1.5左右，要结合实际项目情况定；对于混住细胞，建议人口规模不宜超过300人，以270人为宜，个数可控制在5～12个，理想值为7或8个。

（5）服务管理模式

住区与养老机构的复合相融（主要针对老年集中居住部分）

将“复合集约型”老年住区老年集中居住部分中的“混住细胞”（相当于居住组团），与养老机构的“护理单元”相对应，使得住区与养老机构彼此复合相融，将养老机构的服务管理结构作用于整个住区，二者的界限模糊化，住区就相当于一个扩大了的养老院（养老机构），住区的每个“混住细胞”就是养老机构中的每个护理单元，并且在具体的资源配置（包括物力和财力）上借鉴养老机构的做法做到高效节约。

小封闭、大开放

“复合集约型”老年住区应采用“小封闭、大开放”的管理模式，“大”的程度可以是整个住区，而“小”的范围可以与“混住细胞”相对应，实现住区在整体上相对开放，而在组团范围内实行封闭管理，达到既安全、安静又利于交流使用的目的。

以市场为主导的老人、服务与管理一体化

①以市场为主导

在“复合集约型”老年住区中下设大的服务管理公司，按市场导向进行运作，其职能主要包括普通物业管理职能与为老服务职能两大方面，普通物业管理职能面向全部住区，即常态化普通居住区和老年人集中居住区，而为老服务职能主要面向老年人集中居住区但同时兼顾常态化普通居住区，并且二者“分而不离”，让常态化普通居住区内的居民仍可享受部分为老服务及设施。

②老人、服务与管理一体化

在适老以及适应市场开发的前提下，“复合集约型”老年住区的服务内容与管理职权由地方政府领导、街道办和居委会监督、服务管理公司执行，并让住区内老人参与到部分管理与服务中去，将管理、服务和老人三方综合一体化考虑。

（6）服务管理模式

关于建设主体和运营主体

对于“复合集约型”老年住区，在建设与经营主体的关系上，建议在可能的情况下建设与经营主体最好要相同，经营主体为建设主体下设的子公司，并且可以聘请相关专业管理服务团队（机构）进行协作经营运作，这样既可保证为老服务与管理的持续有效，也避免了因自身的不专业而带来质量上的问题。

关于盈利模式

“复合集约型”老年住区的盈利模式应为：租售相结合的模式，以出售为主、出租为辅，出售部分考虑适当采用产权式酒店模式，出租部分可以采用会员制模式。

5.3.1.2 “复合集约型”老年住区的设计及表达

（1）设计原则与策略

设计原则

①“以老人为本”原则

“以老人为本”是我们在进行“复合集约型”老年住区设计时的第一原则，它具体包括：可持续、常态化、适老化和参与性四个方面。

②“兼顾利益与经济”原则

其次要“兼顾利益与经济”，虽然说新建一个老年住区本就是一个高投资项目，但也要尽量节约其建设成本。

设计策略

①规划布局层面的策略

a. 居住功能构成上的多样性策略

具体包括：设置普通居住部分（AAC）与老年居住部分（CCRC）；设计多种适应不同家庭结构与身体状况老年人居住的套型；设置一定数量的可租式公寓套型。

b. 配套服务设施内容构成上的可选择性策略

将配套服务设施按照需求程度的大小进行分类，并按需进行选择配置。

c. 功能分区上的集中与靠近策略

具体包括：相对集中布置老年人住宅，且要混住；自理老人与介助、介护老人的居住套型靠近设计；将部分服务管理所需的公建空间与日常居住生活的居住空间靠近布置。

d. 住区空间组织结构优化策略

具体包括：在营造多层次居住生活空间领域基础上明确各领域空间；公共服务设施系统分级设计，形成服务管理网络，同时注意差级互补；绿地均好与集中设置，减少作用不大的中间级绿地；道路交通组织进行人车分流设计。

e. 部分公共服务设施对外开放布置

f. 规划布局要可分期建设

②细部设计层面的策略

对于这一层面的设计策略，主要表现在适老化设计上，其具体包括无障碍设计、关怀设计和潜伏性设计三个层面。

（2）功能构成

用地构成

“复合集约型”老年住区是一种趋向于常态化的老年住区，对于它的用地构成应该基本与普通住区相同，包括住宅用地、公建用地、道路用地、公共绿地和其他用地五部分；同时还要基本满足《城市居住区规划设计规范》（GB50180—1993）中关于住区用地平衡控制指标的相关规定，并且考虑到老年人对公共服务设施的大量需求以及对室外活动场的要求，可以适当提高表中公建用地与公共绿地的相对比重。

居住功能构成

“复合集约型”老年住区的基本居住功能包括：常态普通居住区和老年集中居住区两大部分。其中常态普通居住区以（中）高密度住宅为主，主要提供与网络式、常态家庭结构相适应的套型空间，应多采用房屋出售形式；老年集中居住区以中（低）密度住宅为主，主要提供与老年独居、老年夫妇、老年核心、老年主干、老年联合以及年轻独居家庭结构相适应的套型空间，适应自理、介助与介护老人的需求，采用房屋租售结合或产权式酒店的形式，建议对于部分介助、介护老人以及单身年轻人采用只租不售形式，以适当保持一定数量的产权持有。

对于上述居住功能构成的比例关系为：常态普通居住区和老年集中居住区的占地面积约为3：7，由于“复合集约型”老年住区的用地规模在5.7～16.9公顷，所以老年集中居住区的用地规模为4.0～11.8公顷，相应地常态普通居住区的用地规模为1.7～5.1公顷，其中常态普通居住区的容积率可控制在3.0左右或以下，老年集中居住区的容积率应控制在0.8以下。在老年集中居住区中，自理、介助与介护老人的人数比控制在12：2：1左右，套型主要有三室两厅两卫、两室一厅一卫、一室一厅一卫、一室一卫和“二代居”套型等，其中大面积套型（一般120m^{2}以上）占20%左右，中面积套型（一般为80～100m^2）占50%左右，小面积套型（一般60m^{2}以下）占30%左右；在常态普通居住区中，老年人数可按此部分总人数的20%计算，套型种类、面积及比例要按项目所在地的实际市场需求确定。此外，还可以结合项目所在地的具体情况，比如在风景区附近，设置较小规模的度假式居住区或亲情旅馆，而对于这部分的规模、比例在可能的条件下依“宁多勿少”原则，视具体项目定。

公共服务设施功能构成

通过对公共服务设施的两次分类（第一次为按需求内容分、第二次为按需求程度分），绘制出“复合集约型”老年住区的公共服务设施构成配置选择表4.4。

（3）组织布局

对于“复合集约型”老年住区的组织布局，本书从居住系统、公共服务设施系统、道路交通系统和绿地系统四大方面进行分析论述，并给出相应的布局示意图，此不赘述。

（4）空间设计

居住套型

①套型种类

“复合集约型”老年住区的套型主要有空巢独居套型、普通老年套型和多代共居套型和普通套型四种，见表4.7。此外，“复合集约型”老年住区中还要设置一定比例的养老床位，其可兼做护理康复病房、福利性床位等使用，而对于大多数老年人，其各自的家就相当于普通养老院的客房。

②套型设计

对于套型的设计，本书主要针对老年人居住的相关套型论述，并以当前市场和老年人的调查调研为基础，重点分析思考关于功能用房、关于居住面积大小、关于私密性与空间秩序三方面问题，并结合相关资料与实例，给出“复合集约型”老年住区的各套型功能空间构成（见表4.8）及相应参考意向套型。

混住细胞

对于“混住细胞”的空间设计，本书主要从“院子”空间的营造、人口构成的分布、空间识别性三方面分析，并给出“复合集约型”老年住区的“混住细胞”概念模型。

生活街道

在“复合集约型”老年住区中，我们希望设计一条生活气息很浓的市井街道空间，让老年人行走其中，在鳞次栉比的街巷中游走，享受生活的乐趣。对于它的空间营造，结合传统街道的特点、老年人的现实需求以及“复合集约”的构思要求，主要从“生活街道”的功能布置（“断续连接”式）、基面与侧立面空间形态、街道尺度、与住户的关系、私密性与开放性五大方面进行分析论述。

公共服务管理综合体

在“复合集约型”老年住区中设置一个公共服务管理综合体，其相当于住区服务管理的总台，而“混住细胞”则相当于住区服务管理的分站。公共服务管理综合体的功能主要包括两大部分：服务性功能与管理性功能。将各功能集于一栋建筑内，使其彼此功能空间相复合，这样既有利于节约建设资源，还可以增加老年人交往的机会。此外，由于公共服务管理综合体在“复合集约型”老年住区的建设销售期还应该充当售楼处和住前体验馆，所以在设计时，要考虑到其功能置换的可能。

（5）总体概念模式图

结合上述内容，本书绘制出“复合集约型”老年住区的总体概念模式图（见图4.43），并对其分期建设和适用性问题作了详细分析论述。

（6）主要技术经济指标（见表4.9）

（7）模拟项目示范——沈阳“栖健长乐邦”生活体，具体设计见本书4.6.3小节。

5.3.1.3　“复合集约型”老年住区的复制延展

（1）可复制点

“复合集约型”老年住区的可复制点主要表现在产业链建构的可复制与设计模型的可复制两大方面，其中产业链建构的可复制点，主要在于房地产的开发建设环节和后期服务管理运营环节。

（2）复制延展的方式

“复合集约型”老年住区的复制延展方式主要有建立式、置换式和嵌入式三种方式。

5.3.2 局限与不足

本书对于“复合集约型”老年住区的策划建构部分涉及诸多学科领域的相关知识，作者所学专业为建筑学专业，对其他领域的知识了解甚少，可能导致文章部分内容深度不够，实为能力与学识所限；另外，对于“复合集约型”老年住区的设计表达部分，主要从较为宏观的层面对住区进行规划设计，而关于细部设计层面，尤其是适老化设计层面，由于篇幅和精力所限，部分内容仅做泛泛之谈，实属无奈。

最后，本书对于“复合集约型”老年住区的研究论述仅仅是个初步的探索，还有很多内容有待深化，在此仅望能起到抛砖引玉之用。

参考文献

书籍:

[1] 邬沧萍著. 社会老年学[M]. 北京：中国人民大学出版社，1999.

[2] 姚栋著. 当代国际城市老人居住问题研究[M]. 南京：东南大学出版社，2007.

[3] 刘美霞，李俊峰等著. 老年住宅开发和经营模式[M]. 北京：中国建筑工业出版社，2008.

[4] 熊必俊著. 老龄经济学[M]. 北京：中国社会出版社，2009.

[5] 胡仁禄，马光著. 老年居住环境设计[M]. 南京：东南大学出版社，1995.

[6] Oscar Newman. Creating Defensible Space[M]. Diane Pub Co.,1996.

[7] 艾克哈德・费德森等著. 全球老年住宅建筑设计手册[M]. 孙海霞，译. 北京：中信出版社，2011.

[8] 伊丽莎白・伯顿等著. 包容性的城市设计[M]．费腾等，译. 北京：中国建筑工业出版社，2009.

[9] 李玉玲，赵雁著. 社区老年护理[M]. 北京：中国协和医科大学出版社，2006.

[10] 陈露晓著. 老年人的社会交往心理[M]. 北京：中国社会出版社，2009.

[11] Le Corbusier. The City of Tomorrow and Its Planning[M]. Routledge Taylor & Francis Group，2003.

[12] Peter Katz.The New Urbanism—Toward an Architecture of Community[M]. Mc Graw-Hill Inc.，1994.

[13] 胡仁禄,周燕珉等著. 居住建筑设计原理[M]. 北京：中国建筑工业出版社，2007.

[14] 戴维・霍格伦著. 老年居住建筑[M]. 北京：中国建筑工业出版社，2008.

[15] 美国建筑师学会编. 老年公寓和养老院设计指南[M]. 北京：中国建筑工业出版社，2004.

[16] Henry Sanoff. Community Participation Methods in Design and Planning[M]. Wiley，Inc.，2000.

[17] Howell S· Baum, Community Development and Planning[M]. State University of New York Press, 1997.

[18] 朱家瑾著. 居住区规划设计[M]. 北京: 中国建筑工业出版社, 2000.

[19] R D Putnam. Bouling Alone: The Collapse and Revival of American Community[M]. Simon Sesduster, 2000.

[20] 高宝真, 黄南翼著. 老龄社会住宅设计[M]. 北京: 中国建筑工业出版社, 2005.

[21] 周燕珉等著. 住宅精细化设计[M]. 北京: 中国建筑工业出版社, 2007.

[22] 周燕珉著. 现代住宅设计大全[M]. 北京: 中国建筑工业出版社, 1995.

[23] 彭希哲, 梁鸿, 程远著. 城市老年服务体系研究[M]. 上海人民出版社, 2006.

[24] 姜苑等著. 国外老年建筑设计[M]. 北京: 中国建筑工业出版社, 1999.

[25] 中国房地产业协会老年住区委员会编著. 社会力量参与老年住区建设的模式和相关标准[M]. 北京: 中国城市出版社, 2012.

[26] 周燕珉等著. 老年住宅[M]. 北京: 中国建筑工业出版社, 2011.

[27] 周检著. 城市住宅区规划原理[M]. 上海: 同济大学出社, 1999.

[28] 孟厚著. 无障碍建筑设计[M]. 北京: 中国建筑工业出版, 1989.

[29] 林玉莲著. 环境心理学[M]. 北京: 中国建筑工业出版社, 2006.

[30] Diane Y.Castens. Site Planning and Design for the Elderly, Issues Guidelines, and Alternatives[M]. Van Nostrand Reinhold Compary, 1993.

[31] Laurence Liauw. Elderly Care Residential Typologies: Comparative case studies between Hong Kong&International facilities and industry trends[M]. The Hong Kong PolytechnicUniversity School of Design, 2001.

[32] Robert Hess. Youcvo Lianc and Philip Couner.A maturing Seniors Housing Market[M]. Real Estate Finance, Winter 2001.

[33] 穆光宗著. 家庭养老制度的传统与变革[M]. 北京: 华龄出版社, 2002.

[34] Martin Edge. The potential for "SmartHome" Systems in Meeting the Care needs of Older person sand people with Disabiilties[M]. Senior's Housing Update, August 2000.

期刊:

[35] 原新. 中国未来人口老龄化展望[J]. 人口学刊，1999（06）.

[36] 马晖，赵光宇. 独立老年住区的建设与思考[J]. 城市规划，2002（3）.

[37] 侯敏，张延丽. 北京市居住空间分异研究[J]. 城市规划，2005（3）.

[38] 卡佳. 美国退休社区与居家养老援助[J]. 社区，2004.

[39] Paul Brophy，Rhonda N Smith. Mixed-Income Housing：Factors for Success[J]. Cityscape，1997,3（02）.

[40] Alex Schwartz，Kian Tajbakhsh. Mixed-Income Housing：Unanswered Questions[J]. Cityscape，1997,3（02）.

[41] 张先玲. 关于创立全新老龄住区的思考[J]. 成都大学学报，2003.4.

[42] 胡斌，吕元. 依托型城市老龄居住环境构想[J]. 哈尔滨建筑大学学报，2001（5）.

[43] 胡仁禄，马光. 构筑新世纪我国老龄居的探索[J]. 建筑学报，2000（8）.

[44] 杨靖. 保障性住房的选址策略研究[J]. 城市规划，2009（12）.

[45] 刘菁，王敏. 我国城市养老设施配套标准初探——以武汉为例[J]. 城市规划学刊，2009120（7）.

[46] 刘永黎. 住区老年人户外活动空间研究[J]. 住宅科技，2009（07）.

[47] 王玮华. 居家养老与城市居住区规划设计[J]. 规划师，1999（1）.

[48] 周有芒编译. 美国老年人住宅的发展动向[J]. 建筑创作，2004.

[49] 马晖，赵光宇. 公寓式老年住宅设计研究[J]. 华中建筑，2004（1）.

[50] 胡四晓. 美国老年居住建筑的设计和发展趋势介绍[J]. 建筑学报，2009（8）.

[51] 万邦伟. 老年人行为活动特征之研究[J]. 新建筑，1994（4）.

[52] 中日政府技术合作项目. 日本高龄者住宅无障碍设计新动向[J]. 住区，2001（3）.

[53] 胡勇. 社区照顾：应对我国老龄化社会的城市养老新模式[J]. 淮海工学院学报，2006（6）.

[54] 周春发，付予光. 居家养老：住房与社区照顾的联结[J]. 城市问题，2008（1）.

[55] 陈元刚，王牧等. 我国社区养老研究文献综述[J]. 重庆工学院学报，2009.

[56] 奚建武. 社区公共需求管理：分析框架及其应用——以上海社区为例[J]. 华东理工大学学报，2002.

[57] 陈雅丽. 社区服务研究：理论争辩与经验探讨[J]. 理论与改革，2006.
[58] 杨稣,贾明德. 我国新型社区管理模式研究[J]. 华东大学学报，2004.
[59] 杨稣,贾明德. 试析新型城市社区管理模式[J]. 山西师大学报，2005.

标准:
[60] 中华人民共和国建设部. 老年人建筑设计规范[S]. 中国建筑工业出版社，1999.
[61] 中华人民共和国原城乡建设环境保护部. 城市用地分类与规划建设用地标准[S]. 中国建筑工业出版社，1999.
[62] 中华人民共和国建设部. 老年人居住建筑设计标准[S]. 中国建筑工业出版社，2003.
[63] 中华人民共和国建设部. 城市居住区规划设计规范[S]. 中国建筑工业出版社，2000.
[64] 中华人民共和国建设部. 养老设施建筑设计规范[S]. 中国建筑工业出版社，2013.
[65] 中国国家统计局. 2000年第五次全国人口普查资料[S]. 中国统计出版社，2001.
[66] 中国国家统计局. 2010年第六次全国人口普查资料[S]. 中国统计出版社，2011.

学位论文:
[67] 帅同检. 我国“持续照护”型老年社区规划与设计研究[D]. 重庆大学，2010.
[68] 宋媛媛. 常态社会化住区新型养老模式初探[D]. 天津大学，2006.
[69] 杜大海. 我国城市混合式老年社区建筑与规划设计研究[D]. 同济大学，2007.
[70] 王小敏. 新型在宅养老模式的城市住宅设计研究[D]. 西安建筑科技大学，2008.
[71] 王德海. 居家养老及其住宅适应性设计研究[D]. 同济大学，2007.
[72] 陈晓明. 休闲养老建筑设计初探[D]. 重庆大学，2005.
[73] 彭涛. 城市空巢家庭居住需求与社区老年居住适应性研究[D]. 西南交通大学，2006.
[74] 吴秋君. 城市老年社区服务研究[D]. 苏州大学，2008.
[75] 左木子. 基于持续照护理念的老年社区规划研究[D]. 长安大学，2015.
[76] 刘倩. 老年社区及其居住环境研究. 华中科技大学[D]，2007.
[77] 王明川. 我国老年住区发展现状及对策研究. 天津大学[D]，2007.
[78] 强虹. 适宜老年人的城市公共空间环境设计研究. 西安建筑科技大学[D]，2004.

[79] 郭姝. 漳州社区养老公共活动空间改造设计研究. 华侨大学[D]，2014.
[80] 宋磊. 养老院和社区公共空间设计初探. 天津大学[D]，2008.
[81] 陈慧宇. 城市养老院建筑及环境设计探讨. 华中科技大学[D]，2005.
[82] 周艳华. 我国城市社区保障及其制度化构建. 福州大学[D]，2003.
[83] 徐一博. 营口市西市五台子社区管理模式改进研究. 吉林大学[D]，2013.
[84] 付莉雅. 失地农民社区管理存在问题及对策研究. 电子科技大学[D]，2011.
[85] 眭勤. 我国城市社区管理问题研究. 郑州大学[D]，2004
[86] 樊小红. 电子政务环境下社区管理模式研究. 国防科学技术大学大学[D]，2005.
[87] 温春娟. 物业管理纠纷形成机制的实证研究. 北京交通大学[D]，2008.
[88] 张辉. 面向人口老龄化的现代住区建设. 重庆大学[D]，2004.